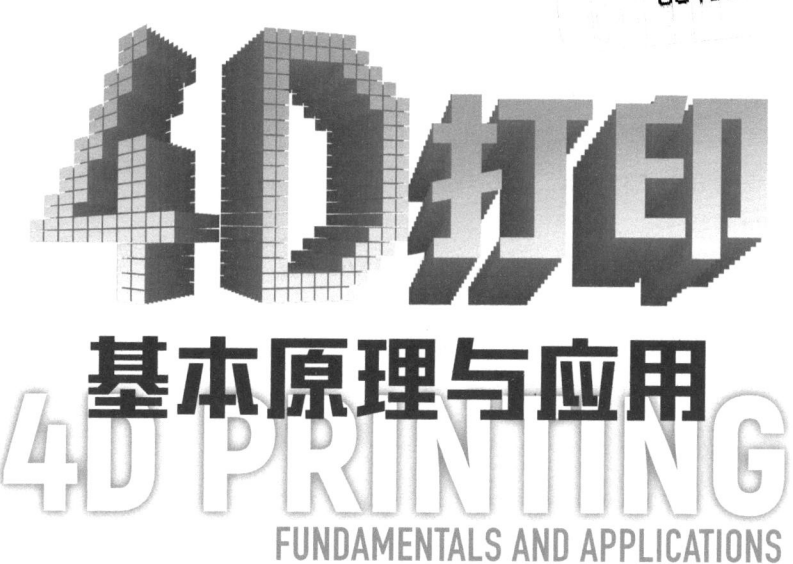

4D打印
基本原理与应用
4D PRINTING
FUNDAMENTALS AND APPLICATIONS

〔印〕鲁平德·辛格（Rupinder Singh） | 编著

崔万照　何　鋆　刘　鼎　万雪曼
封国宝　张　恒　吕　鹏　| 译

北京理工大学出版社
BEIJING INSTITUTE OF TECHNOLOGY PRESS

版权专有　侵权必究

图书在版编目（CIP）数据

4D 打印基本原理与应用 /（印）鲁平德·辛格编著；崔万照等译. -- 北京：北京理工大学出版社，2025.5.
ISBN 978-7-5763-5351-8

Ⅰ．TB4
中国国家版本馆 CIP 数据核字第 2025X65M82 号

北京市版权局著作权合同登记号　图字：01-2024-3623

责任编辑：封　雪	文案编辑：封　雪
责任校对：刘亚男	责任印制：李志强

出版发行	/ 北京理工大学出版社有限责任公司
社　　址	/ 北京市丰台区四合庄路 6 号
邮　　编	/ 100070
电　　话	/（010）68944439（学术售后服务热线）
网　　址	/ http://www.bitpress.com.cn

版 印 次	/ 2025 年 5 月第 1 版第 1 次印刷
印　　刷	/ 廊坊市印艺阁数字科技有限公司
开　　本	/ 710 mm×1000 mm　1/16
印　　张	/ 11.75
彩　　插	/ 2
字　　数	/ 196 千字
定　　价	/ 98.00 元

图书出现印装质量问题，请拨打售后服务热线，负责调换

版 权 声 明

4D Printing Fundamentals and Applications, 1st Edition
Rupinder Singh
ISBN：9780128237250
Copyright © 2022 Elsevier Inc. All rights reserved.

Authorized Chinese translation published by Beijing Institute of Technology Press Co., Ltd.
《4D打印基本原理与应用》（崔万照　何鋆　刘鼎　万雪曼　封国宝　张恒　吕鹏　译）
ISBN：9787576353518

Copyright © 2025 Elsevier Inc. and Beijing Institute of Technology Press Co., Ltd. All rights reserved.

No part of this publication may be reproduced or transmitted in any form or by any means, electronic or mechanical, including photocopying, recording, or any information storage and retrieval system, without permission in writing from Elsevier (Singapore) Pte Ltd. Details on how to seek permission, further information about the Elsevier's permissions policies and arrangements with organizations such as the Copyright Clearance Center and the Copyright Licensing Agency, can be found at our website: www.elsevier.com/permissions.

This book and the individual contributions contained in it are protected under copyright by Elsevier Inc. and Beijing Institute of Technology Press Co., Ltd. (other than as may be noted herein).

This edition of 4D Printing Fundamentals and Applications is published by Beijing Institute of Technology Press Co., Ltd. under arrangement with ELSEVIER INC.

This edition is authorized for sale in China only, excluding Hong Kong, Macau and Taiwan. Unauthorized export of this edition is a violation of the Copyright Act. Violation of this Law is subject to Civil and Criminal Penalties.

本版由 ELSEVIER INC. 授权北京理工大学出版社有限责任公司在中国大陆地区（不包括香港、澳门以及台湾地区）出版发行。

本版仅限在中国大陆地区（不包括香港、澳门以及台湾地区）出版及标价销售。未经许可之出口，视为违反著作权法，将受民事及刑事法律之制裁。

本书封底贴有 Elsevier 防伪标签，无标签者不得销售。

注　　意

本书涉及领域的知识和实践标准在不断变化。新的研究和经验拓展我们的理解，因此须对研究方法、专业实践或医疗方法作出调整。从业者和研究人员必须始终依靠自身经验和知识来评估和使用本书中提到的所有信息、方法、化合物或本书中描述的实验。在使用这些信息或方法时，他们应注意自身和他人的安全，包括注意他们负有专业责任的当事人的安全。在法律允许的最大范围内，爱思唯尔、译文的原文作者、原文编辑及原文内容提供者均不对因产品责任、疏忽或其他人身或财产伤害及/或损失承担责任，亦不对由于使用或操作文中提到的方法、产品、说明或思想而导致的人身或财产伤害及/或损失承担责任。

译者序

随着科技的飞速发展，增材制造技术已成为材料科学和工程领域的一颗璀璨明珠。凭借独特的制造方式，它让一些复杂结构的设计和制造成为可能。特别是在智能材料领域，增材制造技术结合功能化复合材料，正引领着"4D打印"这一新兴领域的发展，使材料在打印之后能够在外界刺激下自主变形或改变性能，展现4D特性。

由印度学者Rupinder Singh主编的《4D打印基本原理与应用》一书详细阐述了基于增材制造的4D打印及应用，旨在为读者提供一本全面介绍基于增材制造的功能原型4D特性的教材。书中9个章节的内容涵盖了多个方面，包括混合增材制造工艺的基本原理、复合材料的研发、智能材料的作用及物理原理、性能测试，以及实际应用的案例分析。第1章探讨了以木粉、聚氯乙烯和Fe_3O_4粉末为增强材料的聚乳酸复合材料的多元共混和混合杂化基质，以及这些材料在4D打印中的潜力。第2章~第6章分别介绍了石墨烯增强丙烯腈-丁二烯-苯乙烯（ABS）复合材料、回收聚乳酸复合基质的双向编程、石墨烯增强聚偏二氟乙烯（PVDF）复合材料的压电特性、可充电柔性电化学储能装置的特性、双/多材料复合基质等研究，每一项研究都揭示了增材制造在4D打印中新的应用可能。第7章深入探讨了 PVDF-石墨烯-BaTiO$_3$ 复合材料的力学性能、尺寸和 4D 性能，这些材料不仅具有优异的物理性能，而且在 4D 打印中展现出巨大的潜力。第 8 章通过实验研究了 PA6-Al-Al$_2$O$_3$ 复合材料在熔丝沉积成型过程中的 4D 性能，探讨了不同刺激条件下材料的响应机制。第 9 章专注于 PLA-ZnO 复合基质的形状记忆效应研究，通过外部温度刺激，展示了这种复合材料在形状记忆方面的出色表现。这些研究不仅丰富了增材制造和 4D 打印技术的理论知识，也为其未来的应用提供了宝贵的参考。

无论是对材料科学、机械工程、化学工程等领域的专业人士，还是对新技术充满好奇心的普通读者，本书都将是一本极具价值的参考书籍。希望本书能够让读者更加深入地了解 4D 打印的理论基础和实际应用，为未来的科技创新贡献自己的力量。

本书由崔万照、何鋆、刘鼎、万雪曼、封国宝、张恒和吕鹏翻译。在翻译过程中，我们力求内容忠实原文，语言表述流畅，逻辑严密，并尽可能准确地翻译专业术语。由于水平有限，书中难免存在疏漏和翻译不准确的地方，希望读者能够不吝指正。

译 者

前言
PREFACE

感谢您抽出时间阅读这本关于增材制造 4D 应用的书籍。我在增材制造领域工作多年后决定撰写本书，为准备本书付出了时间和努力，希望读者能从中受益。

目前，增材制造正被世界各地许多理工学院和大学纳入课程中。越来越多的学生开始接触这些技术，但以前并没有一本适合 4D 应用课程的教材。我相信，本书将成为一本帮助大家清晰理解基于增材制造的功能原型的 4D 特性的教材。

本书概述了这项技术的快速发展，从最初默默无闻、潜力巨大但需要大量开发，到如今逐渐成熟并为产品开发组织带来实际利益。在阅读各个章节时，希望读者能了解到增材制造在 4D 应用中的基本运作。本书的 9 个章节详细介绍了基于增材制造的 4D 应用。首先，我们需要了解如何从众多技术中选择最适合的技术，那便是根据应用的实际情况进行购买，因此本书提供了如何为特定目的选择正确技术的指南。人们现在可以考虑大规模定制的可能性，也就是按照消费者个人的需求生产产品，同时价格也要合理。接下来，讨论增材制造的应用，包括医疗、制造和建筑行业的工具与产品。

本书主要针对希望学习增材制造 4D 应用的学生和教

育工作者，既可以作为一门独立的课程来学习，也可以作为制造技术大课程的一个模块来学习。本书的内容足够深入，可以满足本科生或研究生课程的需求，其中的大量参考文献可以为读者提供更多的细节和具体内容。本书可以帮助增材制造的研究人员了解当前的技术状况及进一步研究的方向。

尽管我已经努力使本书尽可能全面，但一本关于如此快速发展的技术的书籍不会长期保持最新状态。考虑到这一点，并且为了帮助教育工作者和学生更好地利用本书，我将在课程网站上更新内容，包括额外的作业练习和其他教学辅助内容。

如果您有评论、问题或改进建议，请随时提出。我将来会对本书进行更新，并期待收到您对使用这些材料的分享，以及对改进这本书的建议。

本书的每位作者都是增材制造领域的专家，有着多年的研究经验。此外，本书能够出版，也要感谢多年来与我合作的众多学生和同事。

Rupinder Singh
印度，国立技术教师培训与研究
学院机械工程系

撰稿人名单

I. P. S. Ahuja
Department of Mechanical Engineering, Punjabi University, Patiala, India
印度，伯蒂亚拉，旁遮普大学机械工程系

Ajay Batish
Department of Mechanical Engineering, Thapar Institute of Engineering and Technology, Patiala, India
印度，伯蒂亚拉，塔帕尔工程技术学院机械工程系

Kamaljit Singh Boparai
Department of Mechanical Engineering, GZSCCET, MRS Punjab Technical University, Bathinda, India
印度，巴廷达，GZSCCET，MRS 旁遮普技术大学，机械工程系

Abhishek Kumar
Department of Mechanical Engineering, GZSCCET, MRS Punjab Technical University, Bathinda, India
印度，巴廷达，GZSCCET，MRS 旁遮普技术大学，机械工程系

Pawan Kumar
Department of Physics, University Institute of Science, Chandigarh University, Mohali, India
印度，莫哈里，昌迪加尔大学科学学院物理系

Ranvijay Kumar
Department of Mechanical Engineering, University Center for Research and Development, Chandigarh University, Mohali, India
印度，莫哈里，昌迪加尔大学研发中心机械工程系

Sudhir Kumar
Department of Mechanical Engineering, CT University, Ludhiana, India
印度，卢迪亚纳，CT 大学机械工程系

Vinay Kumar

Department of Production Engineering, Guru Nanak Dev Engineering College, Ludhiana, India; Department of Mechanical Engineering, Punjabi University, Patiala, India

印度，卢迪亚纳，古鲁·纳纳克·德夫工程学院生产工程系；印度，伯蒂亚拉，旁遮普大学机械工程系

Ravinder Sharma

Department of Mechanical Engineering, Thapar Institute of Engineering and Technology, Patiala, India

印度，伯蒂亚拉，塔帕尔工程技术学院机械工程系

Rupinder Singh

Department of Mechanical Engineering, National Institute of Technical Teachers Training and Research, Chandigarh, India

印度，昌迪加尔，国立技术教师培训与研究学院机械工程系

T. P. Singh

Department of Mechanical Engineering, Thapar Institute of Engineering and Technology, Patiala, India

印度，伯蒂亚拉，塔帕尔工程技术学院机械工程系

目 录 CONTENTS

绪论　增材制造的 4D 应用 …………………………………………… 001

第 1 章　面向自组装的 3D 打印多元共混和混合杂化聚乳酸复合基质研究 …………………………………………… 016

1.1　引言 ……………………………………………………………… 016
1.2　混合杂化基质的制备及其在 FDM 平台上的打印 …………… 017
1.3　聚乳酸多元材料基质的制备及其在 FDM 平台上的打印 …… 019
1.4　聚乳酸多元材料和混合杂化基质的比较结果 ………………… 019
1.5　多元材料和混合杂化基质的力学特性 ………………………… 019
1.6　形态特性 ………………………………………………………… 022
　　1.6.1　扫描电子显微镜分析 …………………………………… 022
　　1.6.2　傅里叶变换红外光谱分析 ……………………………… 023
1.7　振动样品磁强计测试结果 ……………………………………… 025
1.8　总结 ……………………………………………………………… 026
参考文献 ……………………………………………………………… 026

第 2 章　以石墨烯增强丙烯腈-丁二烯-苯乙烯复合材料为 4D 应用领域智能材料 …………………………………… 031

2.1　引言 ……………………………………………………………… 031

2.2 研究空白和问题提出 ………………………………………… 034
2.3 试验步骤 ……………………………………………………… 035
　　2.3.1 经过化学辅助机械混合与双螺杆挤出的GABS ……… 036
　　2.3.2 在万能材料试验机上对GABS复合材料进行预应力测试 … 036
　　2.3.3 振动样品磁力测量和压电分析 ……………………… 037
2.4 结果与讨论 …………………………………………………… 038
　　2.4.1 石墨烯增强型ABS复合材料的形状记忆效应 ……… 038
　　2.4.2 振动样品磁力测量和压电分析 ……………………… 038
　　2.4.3 形态学分析 …………………………………………… 039
2.5 总结 …………………………………………………………… 042
展望 ………………………………………………………………… 043
致谢 ………………………………………………………………… 043
参考文献 …………………………………………………………… 043

第3章 利用磁场激励再生聚乳酸复合基质双向编程 ………… 046

3.1 引言 …………………………………………………………… 046
3.2 二次再生型聚乳酸复合材料的双向编程：一个案例研究 … 047
3.3 材料与方法 …………………………………………………… 048
3.4 结果与讨论 …………………………………………………… 048
　　3.4.1 机械测试结果 ………………………………………… 048
　　3.4.2 振动样品的磁力测量分析 …………………………… 049
　　3.4.3 PLA复合材料磁性能的统计学控制 ………………… 050
　　3.4.4 孔隙率分析 …………………………………………… 052
　　3.4.5 3D表面渲染与表面粗糙度分析 ……………………… 052
3.5 国际研究进展 ………………………………………………… 053
3.6 总结 …………………………………………………………… 054
附录1 ……………………………………………………………… 054
参考文献 …………………………………………………………… 059

第4章 3D打印石墨烯增强聚偏二氟乙烯复合材料的压电特性 ……………………………………………………… 061

4.1 引言 …………………………………………………………… 061

目 录

4.2 研究空白和问题构建 ·· 064
4.3 实验 ·· 066
 4.3.1 PVDFG 复合材料的 CAMB 过程 ····················· 067
 4.3.2 双螺杆挤出机和 PVDFG 的 3D 打印 ················ 067
 4.3.3 压电测试 ·· 068
 4.3.4 振动样品的磁力分析 ·· 069
4.4 结果与讨论 ·· 069
 4.4.1 热、压电和振动样品的磁力分析 ····················· 069
 4.4.2 形态学分析 ·· 071
4.5 总结 ·· 071
致谢 ·· 072
参考文献 ·· 072

第5章 可充电柔性电化学储能装置的特性分析 ············ 075

5.1 引言 ·· 075
5.2 实验 ·· 085
 5.2.1 材料选择 ·· 085
 5.2.2 样品制备 ·· 087
 5.2.3 样品处理 ·· 087
 5.2.4 材料表征 ·· 088
5.3 结论 ·· 096
致谢 ·· 096
参考文献 ·· 096

第6章 智能结构的双/多材料复合基质：ABS-PLA 与 ABS-PLA-HIPS 案例研究 ···························· 099

6.1 引言 ·· 099
6.2 不同组合方式的双组分材料 3D 打印案例研究 ············ 102
6.3 根据案例研究总结经验法则 ······································ 106
6.4 经验法则验证 ·· 106
 6.4.1 经验法则的案例验证：基于 ABS/PLA 和高抗冲聚苯乙烯三种材料组合的双材料 3D 打印 ·············· 106

6.4.2 考虑 NoC、NoNC 和其他输入参数的最佳条件和最差条件 …… 109

6.5 总结 ……………………………………………………………… 109

参考文献 …………………………………………………………… 109

第 7 章 PVDF-石墨烯-BaTiO$_3$ 复合材料的 4D 应用 …………… 112

7.1 引言 ……………………………………………………………… 112

7.2 结果和讨论 ……………………………………………………… 120

7.2.1 尺寸分析 ………………………………………………… 122

7.2.2 3D 打印压电传感器 …………………………………… 125

7.3 结论 ……………………………………………………………… 126

参考文献 …………………………………………………………… 127

第 8 章 水热刺激实现 PA6-Al-Al$_2$O$_3$ 复合材料的 4D 性能 …… 131

8.1 引言 ……………………………………………………………… 131

8.2 试验 ……………………………………………………………… 146

8.2.1 材料 ……………………………………………………… 146

8.2.2 样品制备 ………………………………………………… 146

8.2.3 样品处理 ………………………………………………… 147

8.2.4 材料表征 ………………………………………………… 147

8.3 结果和讨论 ……………………………………………………… 149

8.3.1 流变测量 ………………………………………………… 149

8.3.2 拉伸试验 ………………………………………………… 150

8.3.3 扫描电子显微术 ………………………………………… 154

8.4 结论 ……………………………………………………………… 155

致谢 ………………………………………………………………… 155

参考文献 …………………………………………………………… 155

第 9 章 PLA-ZnO 复合基质的形状记忆效应 …………………… 158

9.1 引言 ……………………………………………………………… 158

9.2 材料和方法 ……………………………………………………… 161

9.3 试验 ……………………………………………………………… 162

9.3.1 双螺杆混合工艺 ………………………………………… 162

9.3.2 形状记忆效应研究 ……………………………………… 164

9.4 结果和讨论 ·· 164
9.5 总结 ·· 167
致谢 ··· 168
参考文献 ··· 168

绪论 增材制造的 4D 应用

Rupinder Singh

印度，昌迪加尔，国立技术教师培训与研究学院机械工程系

本书研究了各种自主和非自主系统，其中包含不同的刺激，如温度、电流、湿度、光和声音等。除此之外，书中也概述了增材制造工艺中使用多个刺激的 4D 应用。本书不仅介绍了混合工艺的基础，也探讨了这些工艺的物理原理，为实践工程师提供了各种混合工艺适用的规范和标准。每一章节都包含了案例研究，为读者提供了一种模型，以探索未来可能的研究方向。本书重点强调了各种成熟的增材制造技术的混合，以及智能材料在可能的 4D 应用中的使用。总体上，本书遵循以下原则。

（1）从混合增材制造工艺的基本原理入手；

（2）探索智能材料在混合增材制造中的作用及物理原理；

（3）提供 4D 打印的实际案例研究，并展望 4D 打印的未来研究方向。

为了评估研究的潜力，在 Scopus 数据库（来源：www.scopus.com）中进行了搜索，关键词为"增材制造的 4D 应用"，结果显示从 2010—2021 年共有 177 篇相关文献。此外，还利用了 VOSviewer 开源软件对这些文献进行了分析，设定关键词数量为 5，在 1 465 个关键词中有 82 个关键词满足阈值，对于这 82 个关键词，计算了它们与其他关键词的共现总强度（见表 0.1）。根据表 0.1，图 0.1 展示了对"增材制造的 4D 应用"关键词的文献分析。

基于图 0.1，图 0.2~图 0.4 展示了增材制造的 4D 应用领域的研究空白。

最后，根据这些选定的文献，图 0.5~图 0.8 分别展示了过去 10 年中在增材制造的 4D 应用方面的相关出版物，这些出版物按照主题领域、文献类型、国家或地区进行了分类。

表 0.1 "增材制造的 4D 应用"关键词共现总强度

序号	关键词	出现次数	总链接强度
1	3D printing（3D 打印）	33	305
2	3D printers（3D 打印机）	96	710

续表

序号	关键词	出现次数	总链接强度
3	3D printing（3D 打印）	57	411
4	3D printing process（3D 打印工艺）	5	32
5	4D printing（4D 打印）	101	644
6	Additive manufacturing（增材制造）	80	535
7	Additive manufacturing（am）（增材制造）	6	41
8	Additive manufacturing process（增材制造工艺）	9	81
9	Additive manufacturing technology（增材制造技术）	12	93
10	Additives（添加物）	44	302
11	Biocompatibility（生物兼容性）	10	90
12	Biodegradable polymers（可生物降解聚合物）	5	45
13	Biomaterial（生物材料）	5	52
14	Biomaterials（生物材料）	10	87
15	Biomedical applications（生物医学应用）	5	48
16	Biomimetics（生物仿生学）	9	46
17	Bioprinting（生物打印）	14	142
18	Chemistry（化学）	6	67
19	Complex geometries（复杂几何体）	5	38
20	Composite materials（复合材料）	6	61
21	Composite structures（复合结构）	8	55
22	Computer aided design（计算机辅助设计）	11	92
23	D-printing（D-打印）	50	410
24	Deformation（形变）	7	40
25	Design/methodology/approach（设计/方法/途径）	6	46
26	Digital light processing（数字光处理）	5	32
27	Drug delivery system（药物输送系统）	5	49
28	Energy harvesting（能量采集）	5	36
29	External stimulus（外部刺激）	7	58
30	Extrusion（挤压成型）	6	52

续表

序号	关键词	出现次数	总链接强度
31	Fabrication（制造）	14	118
32	Flexible electronics（柔性电子器件）	8	57
33	Functional materials（功能材料）	6	51
34	Functional polymers（功能性聚合物）	8	68
35	Fused deposition modeling（熔融沉积成型）	13	89
36	Future perspectives（未来展望）	6	52
37	Geometry（几何）	5	29
38	Human（人体）	9	102
39	Humans（人类）	9	102
40	Hydrogels（水凝胶）	5	43
41	Industrial research（行业研究）	8	56
42	Inkjet printing（喷墨打印）	5	34
43	Intelligent materials（智能材料）	20	173
44	Manufacture（制造）	19	167
45	Manufacturing techniques（制造技术）	12	96
46	Manufacturing technologies（制造技术）	6	41
47	Medical applications（医学应用）	6	56
48	Multi materials（多材料）	6	53
49	Origami（折纸）	6	42
50	Photopolymerization（光聚合）	7	42
51	Polymer（聚合物）	5	35
52	Polymers（聚合物）	20	159
53	Printable materials（可打印材料）	6	53
54	Printed structures（印制结构）	8	54
55	Printing（打印）	21	184
56	Printing presses（打印机）	8	57
57	Printing, three-dimensional（3D 打印）	11	121

续表

序号	关键词	出现次数	总链接强度
58	Procedures（程序）	5	62
59	Product design（产品设计）	10	73
60	Rapid prototyping（快速成型）	8	56
61	Recovery（回复）	6	51
62	Reinforced plastics（增强塑料）	5	22
63	Review（综述）	5	41
64	Robotics（机器人学）	6	39
65	Scaffolds（biology）［支架（生物学）］	9	85
66	Selective laser melting（选择性激光熔化）	5	41
67	Shape-memory effect（形状记忆效应）	20	178
68	Shape-memory polymer（形状记忆聚合物）	6	60
69	Shape-memory polymers（形状记忆聚合物）	21	158
70	Shape optimization（形状优化）	6	67
71	Shape-memory materials（形状记忆材料）	11	98
72	Shape-memory polymer（形状记忆聚合物）	19	140
73	Shape-memory properties（形状记忆特性）	5	36
74	Smart materials（智能材料）	25	169
75	Soft robotics（柔性机器人）	7	51
76	State of the art（最新技术）	5	33
77	Stereolithography（立体光刻）	8	70
78	Stimuli-responsive（刺激响应性）	8	61
79	Three-dimensional printing（3D 打印）	12	122
80	Three-dimensional printing（3D 打印）	12	100
81	Tissue（组织）	8	91
82	Tissue engineering（组织工程）	12	116

注：原著中词条 1 和 3、68 和 72 有重复。

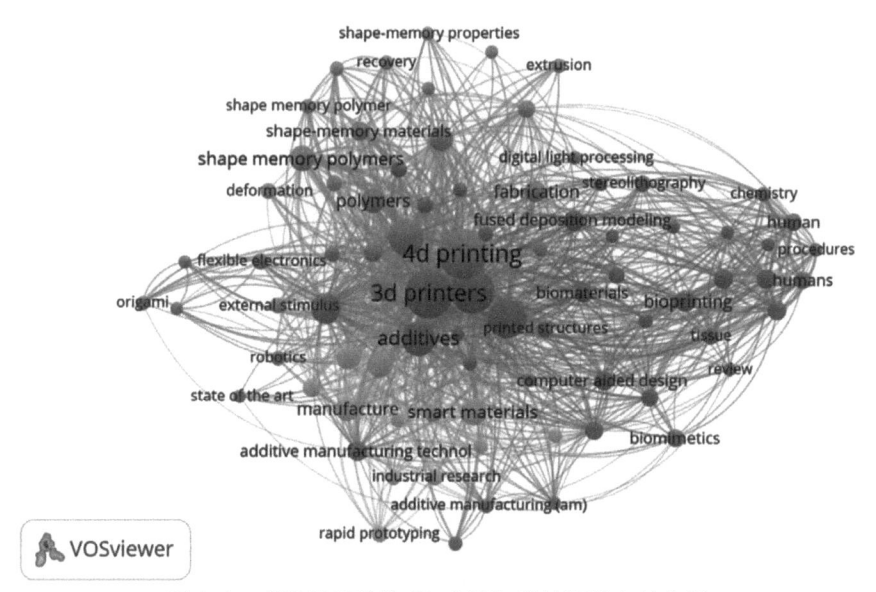

图 0.1 "增材制造的 4D 应用"关键词的文献分析

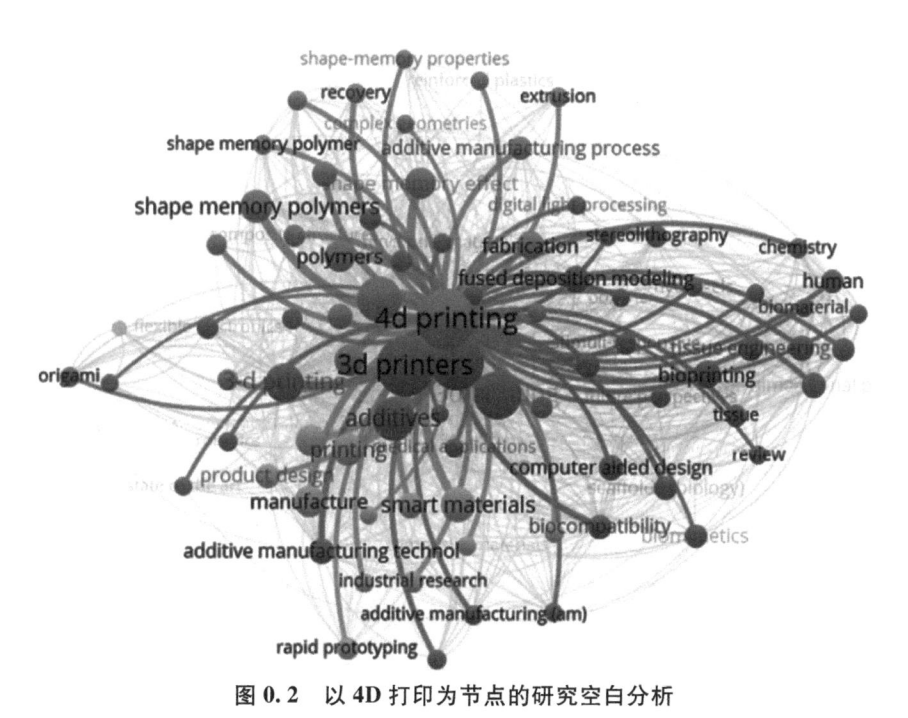

图 0.2 以 4D 打印为节点的研究空白分析

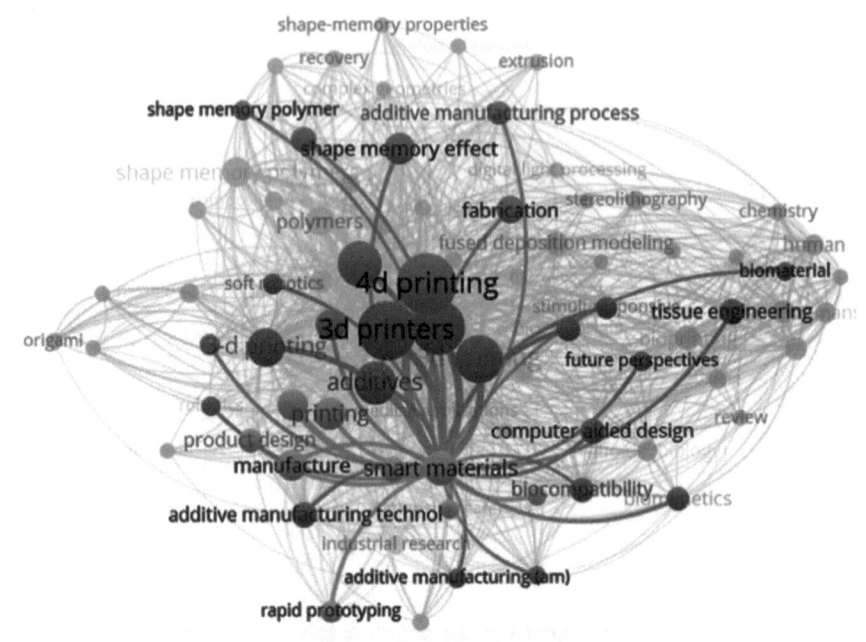

图 0.3 以智能材料为节点的研究空白分析

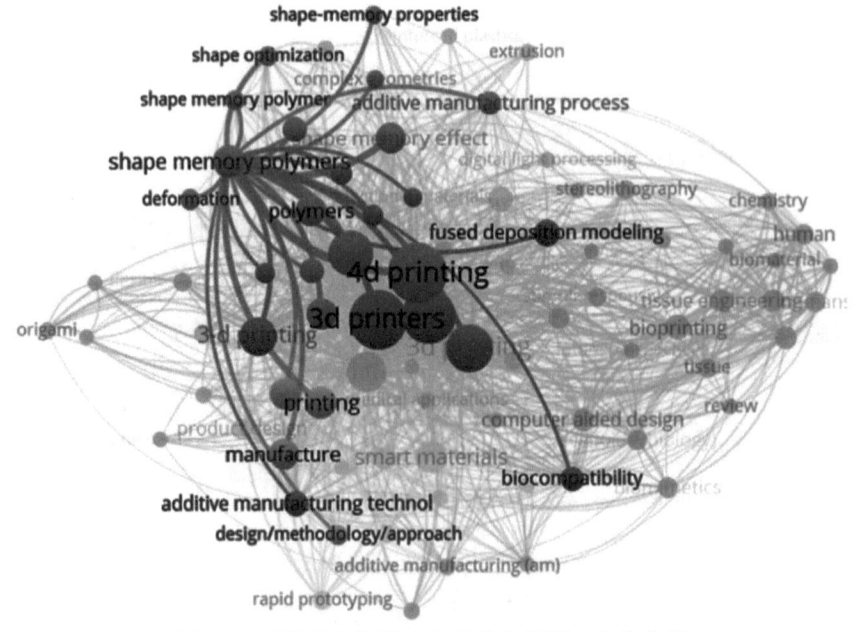

图 0.4 以形状记忆聚合物为节点的研究空白分析

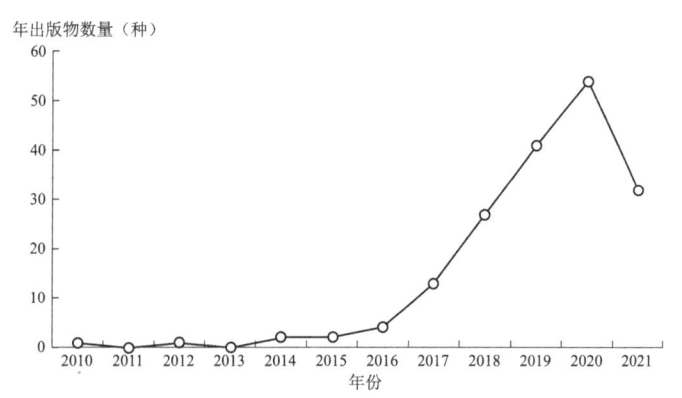

图 0.5　2010—2021 年研究增材制造 4D 应用的出版物数量

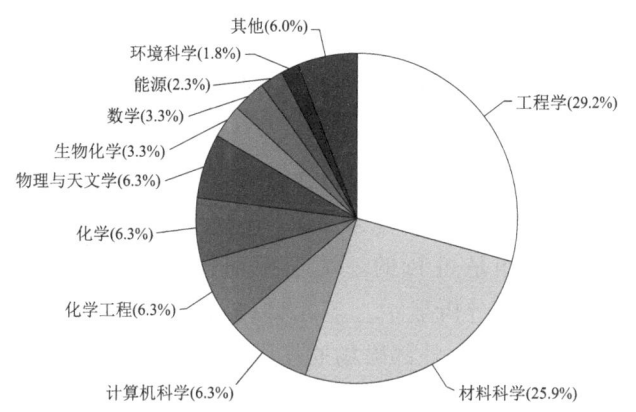

图 0.6　2010—2021 年不同主题领域中研究增材制造 4D 应用的出版物分布

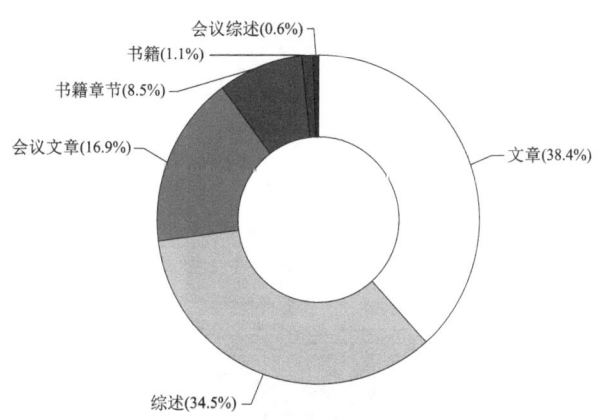

图 0.7　2010—2021 年研究增材制造 4D 应用的出版物类型

图 0.8　2010—2021 年不同国家研究增材制造 4D 应用的出版物情况

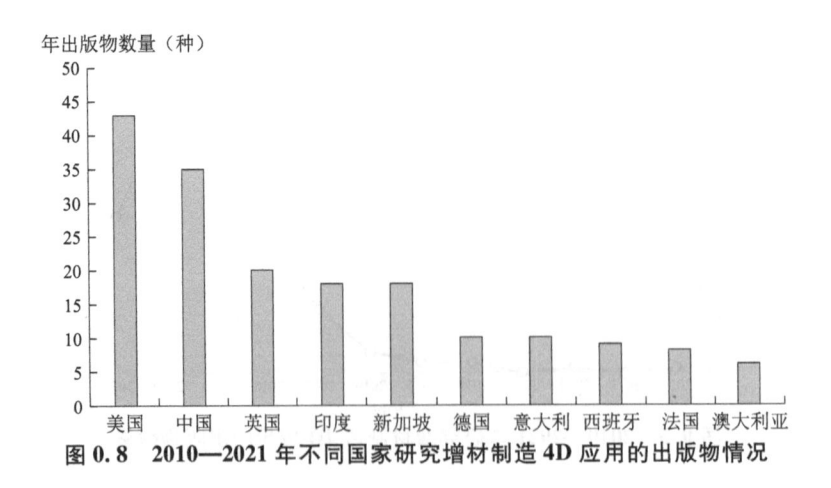

本书共 9 章。各章重点如下。

第 1 章：面向自组装的 3D 打印多元共混和混合杂化聚乳酸复合基质研究

本章重点研究了以木粉、聚氯乙烯（PVC）和 Fe_3O_4 粉末为增强材料制备的聚乳酸（PLA）复合材料的多元共混和混合杂化基质，并对这些不同成分的功能原型进行了 4D 应用的探索。案例研究结果表明，多元材料和混合杂化功能原型 3D 打印是可行的。基于振动样品磁强计（vibration sample magnetometry，VSM）的分析显示，多元材料与混合杂化材料基复合材料的磁化特性相似，这意味着在外部磁场的作用下，这两种复合材料都能表现出自组装的特性。多元材料基质的示例如图 0.9 所示。

PLA　　PLA/木粉　　PLA/PVC

PLA/Fe_3O_4 粉末

图 0.9　多元材料基质示例

第2章：以石墨烯增强丙烯腈-丁二烯-苯乙烯复合材料为 4D 应用领域智能材料

本研究通过化学共混丙烯腈-丁二烯-苯乙烯（acrylonitrile butadiene styrene，ABS）与石墨烯（graphene，G），制备了一种具有优良的磁性、导电性及显著的形状记忆效应的智能复合材料。通过改变石墨烯的质量比（0%~20%），得到了石墨烯增强的 ABS（G reinforced ABS，GABS）复合材料。利用双螺杆挤出机（TSE）制备了不同成分/比例的 GABS 线材试样，以研究其形状记忆效应和基于 VSM 的磁性能。GABS 复合材料 4D 特性的研究方法如图 0.10 所示。

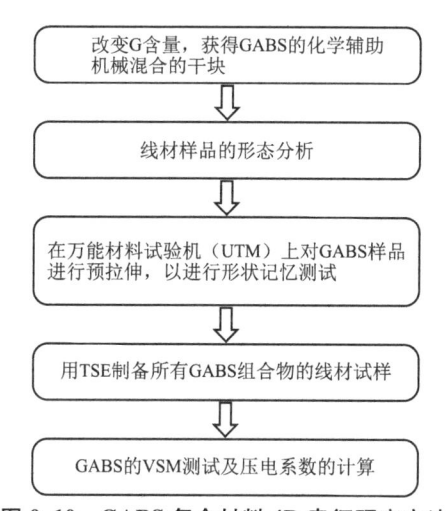

```
┌─────────────────────────────────┐
│ 改变G含量，获得GABS的化学辅助    │
│        机械混合的干块            │
└─────────────────────────────────┘
              ↓
┌─────────────────────────────────┐
│        线材样品的形态分析         │
└─────────────────────────────────┘
              ↓
┌─────────────────────────────────┐
│ 在万能材料试验机（UTM）上对GABS样品│
│    进行预拉伸，以进行形状记忆测试 │
└─────────────────────────────────┘
              ↓
┌─────────────────────────────────┐
│  用TSE制备所有GABS组合物的线材试样 │
└─────────────────────────────────┘
              ↓
┌─────────────────────────────────┐
│    GABS的VSM测试及压电系数的计算  │
└─────────────────────────────────┘
```

图 0.10　GABS 复合材料 4D 表征研究方法

第3章：利用磁场激励再生聚乳酸复合基质双向编程

在这项研究中，在实验室规模上开发了用 Fe_3O_4 粉末增强的再生聚乳酸复合材料的原料长丝，并进行了三个再生阶段的测试，包括力学性能、磁性能和形态测试。最后，通过对聚合物复合材料不同再生阶段的性能进行统计计算，测试了开发的原料长丝的磁化能力的重复性和可靠性。案例研究遵循的方法如图 0.11 所示。

第4章：3D 打印石墨烯增强聚偏二氟乙烯复合材料的压电特性

本研究是关于聚偏二氟乙烯（PVDF）复合材料的，其中石墨烯纳米颗粒在化学辅助下与 PVDF 混合，以制备 3D 打印原型，并测试自主研发复合材料的压电性能和磁性能。在本研究中，制备了三种不同成分/比例的 PVDF 和 PVDF-石墨烯（PVDFG）复合材料。通过在 PVDF 中混合质量比为 5%

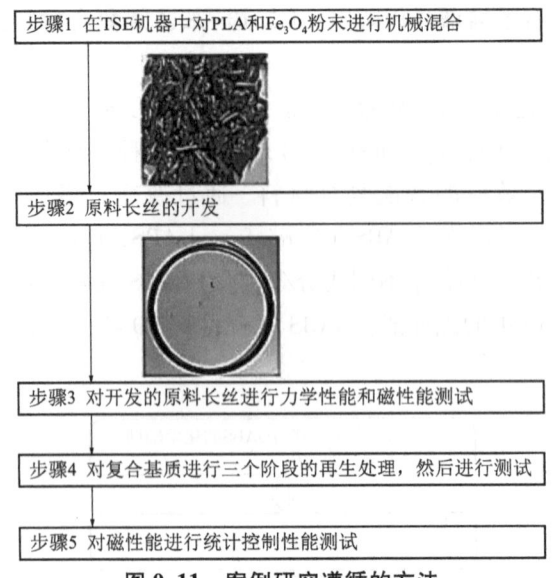

```
步骤1  在TSE机器中对PLA和Fe₃O₄粉末进行机械混合
          ↓
步骤2  原料长丝的开发
          ↓
步骤3  对开发的原料长丝进行力学性能和磁性能测试
          ↓
步骤4  对复合基质进行三个阶段的再生处理，然后进行测试
          ↓
步骤5  对磁性能进行统计控制性能测试
```

图 0.11　案例研究遵循的方法

（PVDFG5）和 10%（PVDFG10）的石墨烯，获得了化学辅助机械混合（CAMB）的 PVDFG 复合材料。在 TSE 上加工这些通过 CAMB 制备的 PVDF、PVDFG5 和 PVDFG10 复合材料，以制备 3D 打印机的原料长丝线材。然后，对 3D 打印的 PVDFG 复合材料进行了压电系数或压电模量（D_{33}）及基于 VSM 的磁性能测试，以表征其 4D 行为。CAMB 制备 PVDF 和 PVDFG 复合材料并进行 4D 分析的方法如图 0.12 所示。

第 5 章：可充电柔性电化学储能装置的特性分析

在本研究中，将不同比例的石蜡与石墨和石墨烯进行机械混合。为了制备原料长丝，开发了新的稳定的成分/比例，并通过 TSE 进行挤出。使用扫描电子显微镜和傅里叶变换红外光谱（FTIR）对结构进行了可视化分析。为了了解新开发材料的流变行为，进行了熔体流动指数（MFI）测试，同时，利用差示扫描量热仪对其热性能进行了测量，以探索其 4D 功能。工艺流程如图 0.13 所示。

第 6 章：智能结构的双/多材料复合基质：ABS-PLA 与 ABS-PLA-HIPS 案例研究

本研究致力于分析不同材料组合用于 3D 打印功能梯度多材料原型。这项研究是对先前的关于双材料（PLA 和 ABS）3D 打印原型研究的扩展。在之前的研究中，为了获得更好的力学性能，建议适当选择材料组合，并得出了一个经验法则，该法则考虑了基于玻璃化转变温度（T_g）的转换数和负转

绪论 增材制造的 4D 应用

```
┌─────────────────────────────────────────────┐
│ CAMB制备PVDF、PVDFG5和PVDFG10复合材料 │
└─────────────────────┬───────────────────────┘
                      ↓
┌─────────────────────────────────────────────┐
│      PVDF和PVDFG复合材料的团块形成           │
└─────────────────────┬───────────────────────┘
                      ↓
┌─────────────────────────────────────────────┐
│    在烘箱中烘干每种成分/比例的复合材料       │
└─────────────────────┬───────────────────────┘
                      ↓
┌─────────────────────────────────────────────┐
│   差示扫描量热（DSC）分析、TSE用于           │
│            原料长丝制备                      │
└─────────────────────┬───────────────────────┘
                      ↓
┌─────────────────────────────────────────────┐
│ 在熔融沉积成型（FDM）装置上3D打印PVDF和      │
│         PVDFG圆盘托盘                        │
└─────────────────────┬───────────────────────┘
                      ↓
┌─────────────────────────────────────────────┐
│       样品的压电性能和VSM测试                │
└─────────────────────┬───────────────────────┘
                      ↓
┌─────────────────────────────────────────────┐
│    基于孔隙率和粗糙度的样品形态分析          │
└─────────────────────────────────────────────┘
```

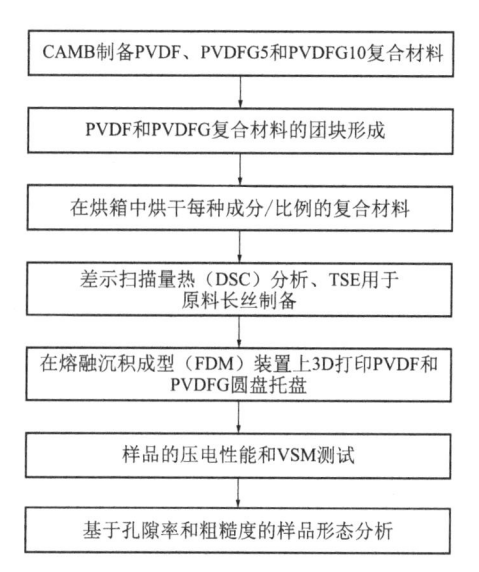

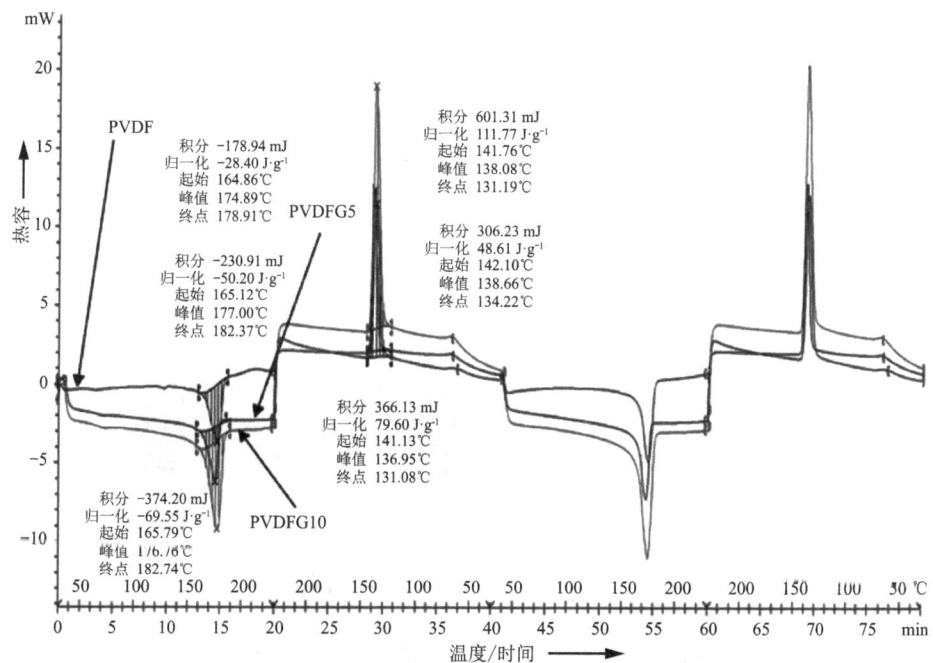

PVDF
积分 −178.94 mJ
归一化 −28.40 J·g⁻¹
起始 164.86℃
峰值 174.89℃
终点 178.91℃

PVDFG5
积分 −230.91 mJ
归一化 −50.20 J·g⁻¹
起始 165.12℃
峰值 177.00℃
终点 182.37℃

PVDFG10
积分 −374.20 mJ
归一化 −69.55 J·g⁻¹
起始 165.79℃
峰值 176.76℃
终点 182.74℃

积分 601.31 mJ
归一化 111.77 J·g⁻¹
起始 141.76℃
峰值 138.08℃
终点 131.19℃

积分 306.23 mJ
归一化 48.61 J·g⁻¹
起始 142.10℃
峰值 138.66℃
终点 134.22℃

积分 366.13 mJ
归一化 79.60 J·g⁻¹
起始 141.13℃
峰值 136.95℃
终点 131.08℃

图 0.12　CAMB 制备 PVDF 和 PVDFG 复合材料的 DSC 结果

换数，以期获得更好的力学性能。样品的工具显微镜图像、3D 渲染图像及表面粗糙度曲线如图 0.14 所示。

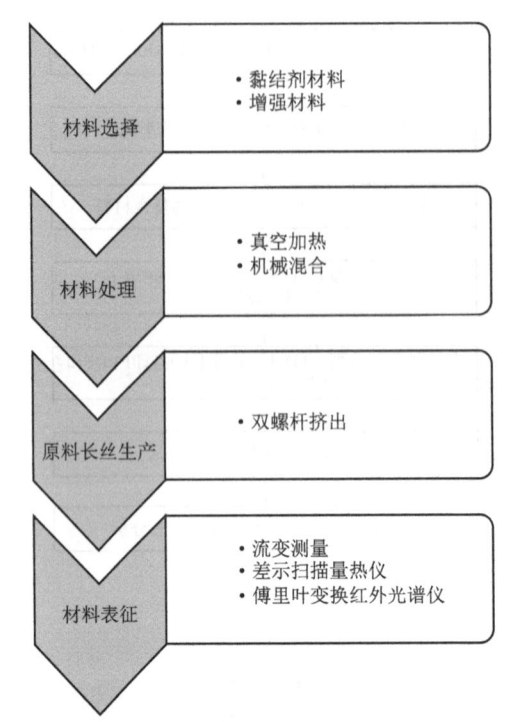

```
材料选择 → ・黏结剂材料
          ・增强材料

材料处理 → ・真空加热
          ・机械混合

原料长丝生产 → ・双螺杆挤出

材料表征 → ・流变测量
          ・差示扫描量热仪
          ・傅里叶变换红外光谱仪
```

图 0.13　工艺流程

（基底：ABS；中间层：PLA；顶层：HIPS）　　（基底：PLA；中间层：HIPS；顶层：ABS）

(a)

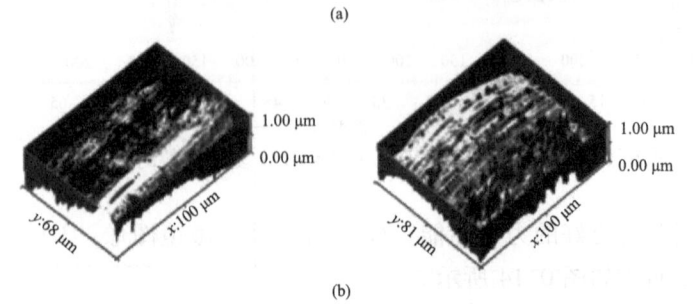

(b)

图 0.14　样品的工具显微镜图像、3D 渲染图像和表面粗糙度曲线

（a）样品的工具显微镜图像；（b）样品的 3D 渲染图像

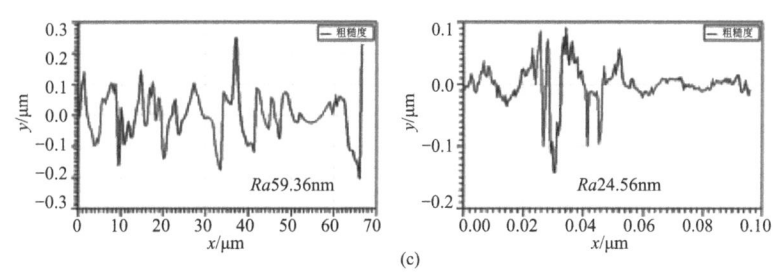

图 0.14 样品的工具显微镜图像、3D 渲染图像和表面粗糙度曲线（续）
(c) 样品的表面粗糙度曲线

第 7 章：PVDF-石墨烯-BaTiO$_3$ 复合材料的 4D 应用

本研究介绍了通过化学混合法开发的 PVDF/石墨烯/BaTiO$_3$ 复合材料的力学特性、尺寸及 4D 性能。由于 PVDF 具有柔韧、轻质和高压电特性，因此选择它为基础聚合物基质。根据之前有关机械混合的研究，聚合物基质中的石墨烯和 BaTiO$_3$ 的质量百分比分别为 2% 和 15%。使用开发的复合材料制成的原料长丝，按照 ASTM D-638 标准 3D 打印了标准拉伸样品。研究采用的方法如图 0.15 所示。

图 0.15 研究采用的方法

```
┌─────────────────────────────────┐
│  化学混合和开发的复合材料薄膜      │
└─────────────────────────────────┘
              │
┌─────────────────────────────────┐
│ 化学处理PVDF、石墨烯、BaTiO₃以制备 │
│ 复合材料薄膜                     │
└─────────────────────────────────┘
              │
┌─────────────────────────────────┐
│ 切割开发的薄膜，然后通过TSE挤出，以 │
│ 制备原料长丝                     │
└─────────────────────────────────┘
              │
┌─────────────────────────────────┐
│  在开源FDM设备上3D打印标准样品     │
└─────────────────────────────────┘
              │
┌─────────────────────────────────┐
│  3D打印零件的力学性能和尺寸分析    │
└─────────────────────────────────┘
              │
┌─────────────────────────────────┐
│ 使用FDM的最优配置3D打印零件，以进行过程能力分析 │
└─────────────────────────────────┘
```

图 0.15　研究采用的方法（续）

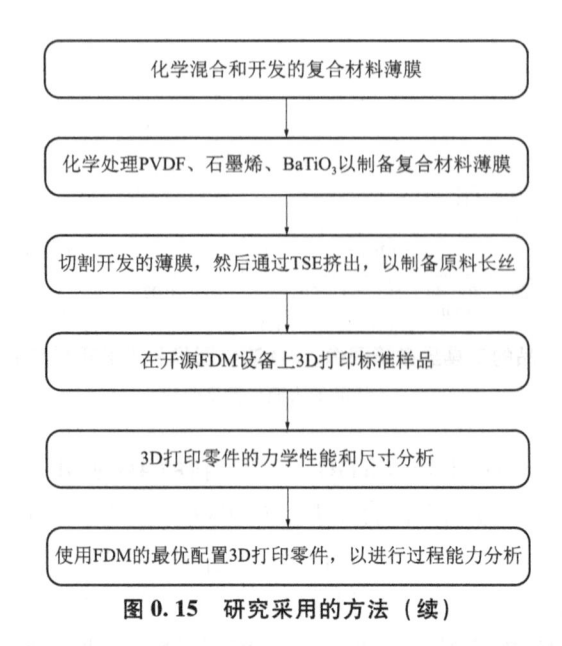

第 8 章：水热刺激实现 PA6-Al-Al$_2$O$_3$ 复合材料的 4D 性能

本章的实验研究旨在使聚酰胺（PA）6-Al-Al$_2$O$_3$ 基复合材料原料长丝经过熔融沉积成型工艺后实现 4D 功能。通过在拉伸试验机上以 30 mm/min 的速度拉伸 10 s，测试复合材料原料长丝试样的长度变化。在释放负载后，将试样暴露在室温条件下 2 h。考虑了四种测试条件，即样品无任何刺激、水刺激、热刺激和水热刺激。熔体流动指数（MFI）测试和拉伸试验如图 0.16 所示。

图 0.16　按照 ASTM D1238 标准进行的 MFI 测试和按照 ASTM D-638 标准进行的拉伸试验

第 9 章：PLA-ZnO 复合基质的形状记忆效应

在本研究中，使用双螺杆混合工艺，制备了 ZnO 纳米颗粒增强的 PLA 原料长丝。考虑到预热处理和后热处理，以及不同的加工温度和螺杆扭矩，为 FFF 工艺制造了 PLA-ZnO 复合材料原料长丝。以温度为外部刺激，对所制备的 PLA-ZnO 复合丝材进行了形状记忆效应研究。双螺杆混合机和原料长丝如图 0.17 所示。

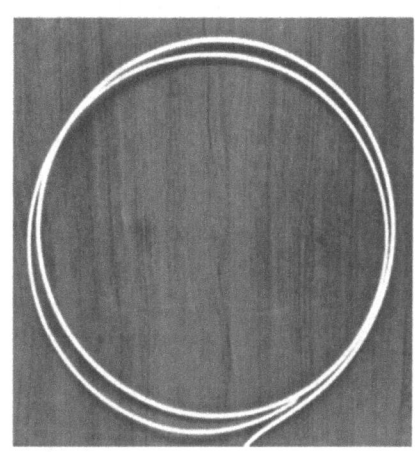

图 0.17　双螺杆混合机和原料长丝

本书配有大量插图，旨在让读者全面理解 4D 应用中的增材制造工艺及相关设备。为了避免阅读时在书中不同位置寻找插图而打断思路，书中特意重复了个别插图。本书不仅对本科生/硕士生和研究学者有帮助，而且对该领域的实践工程师也有帮助。

尽管尽了最大的努力，但书中难免还存在一些错误，敬请读者指正。同时，非常愿意接受读者关于这本书的改进建议。

衷心希望本书能满足读者对了解增材制造技术这一重要主题的期望。

第1章

面向自组装的3D打印多元共混和混合杂化聚乳酸复合基质研究

Sudhir Kumar[1], Rupinder Singh[2],
T. P. Singh[3], Ajay Batish[3]

1 印度,卢迪亚纳,CT大学机械工程系
2 印度,昌迪加尔,国立技术教师培训与研究学院机械工程系
3 印度,伯蒂亚拉,塔帕尔工程技术学院机械工程系

1.1 引 言

聚合物材料的3D打印技术兴起于20世纪80年代末,而立体光刻技术是最早开始材料打印的技术,之后,使用不同方式在功能性原型3D打印领域实现了一系列的技术进步[1,2]。随着时间的推移,3D打印技术已慢慢发展为4D打印技术。4D指的是物体在"时间"维度上的材料特性变化[3,4]。多项研究已经证明,4D打印的特性源于3D打印物体在外部或内部触发下改变其现状/几何结构的能力。因此,4D行为是材料、几何结构和功能性的组合[5-8]体现。

3D和4D的区别在于,3D打印试样的结构通常是静态的,并且在一段时间内没有结构变化[9,10]。而在4D打印中,打印对象包含智能材料基质,该基质与智能几何结构(经数学计算)一起打印,并且至少有一个外部或内部触发器来刺激所需的变化[11-13]。研究人员使用了多种外部刺激来激发材料形状特性的变化。研究人员使用的一些外部刺激包括水[14,15]、热[5,16],以及水和热共同作用[17,18]。

4D打印最关键的参数是材料基质。材料可能具有对4D行为至关重要的属性,例如,当外部环境发生某些变化时,材料会膨胀或收缩[19]。一些材

料基质可通过在基础材料基质中添加一些外来增强剂来使其对刺激产生响应[18,20]。在4D世界中，一些具有重要意义的属性包括自传感、自修复、自组装、形状记忆响应、决策制定等[21-25]。

近年来，研究人员一直致力于开发可以很容易对外部刺激做出响应的智能材料基质，这些外部刺激已经根据主材料基质中的增强剂进行了选择，如磁铁矿（Fe_3O_4）粉末的磁场、基于铁（Fe）粉末的增强以及基于水凝胶材料的水等[26-29]。一些研究团队在通过加入各种尺寸的新型颗粒开发系列智能材料基质方面做了大量工作，例如，碳纳米管为材料基质提供额外的柔韧性和强度，玻璃纤维提供高抗冲击性，纳米级碳化硅颗粒引入额外的表面粗糙度，以及氧化铝（Al_2O_3）提供低磨损率。

同样，如今市场上还有各种各样的其他材料可供添加到聚合物基材料中，为基体材料提供所需的特性，并增强基体材料的力、热、电和其他性能[30-32]。在聚合物基质中引入外来增强材料的唯一目的是改善材料性能，使其能有效地进行4D转变，例如，额外的柔韧性将为3D打印材料提供弯曲或折叠能力[33-38]。熔融沉积成型（FDM）机器的能力也可以在3D打印对象的力学性能方面提供一些改进，例如，输入工艺参数（填充密度、填充图案、填充率、填充角度、栅格角度、栅格宽度等）在3D打印对象的性能中起着重要作用[39-42]。

从文献综述来看，4D行为在很大程度上取决于材料基质和要打印部件的几何形状。但是，多元材料和混合杂化材料的3D打印在自组装应用方面尚未得到充分探索。因此，本研究进行了一项案例研究，以开发用于3D打印功能原型的聚乳酸（PLA）混合杂化和多元材料基质，并通过测试这些3D打印对象的力学特性（拉伸和弯曲）和形态特性［扫描电子显微镜（SEM）、傅里叶变换红外光谱（FTIR）］来比较结果，以了解哪种材料基质和3D打印对象的几何形状更优越。

1.2 混合杂化基质的制备及其在FDM平台上的打印

为了在FDM平台上进行PLA混合杂化基质的3D打印，对PLA、聚氯乙烯（PVC）、木粉和磁铁矿粉（Fe_3O_4）进行了机械混合。PLA和PVC聚合物是从当地市场（Chemicals for Lab, Ludhiana, India）购买的。磁铁矿粉购自卢迪亚纳的Shiva Chemicals，其颗粒尺寸为44μm。试验发现，PLA：50%（质量分数，余同），PVC：25%，木粉：5%，和Fe_3O_4粉：20%是最佳的材料基质配比，在此配比下，材料基质通过熔体流动指数

(MFI) 测试仪时不会遇到流动困难，因此也能轻松通过 FDM 喷嘴，而不会造成模具堵塞等困难。然后，使用挤出机（双螺杆挤出机；型号：HAAKE，德国）对所开发的 PLA 复合基质进行处理，以开发用于 FDM 打印机的内部原料丝，最后将这些开发的原料丝用于拉伸和弯曲试样的 3D 打印。图 1.1 显示了（a）不同的材料基质和混合杂化材料基质、（b）开发的原料和打印的功能原型、（c）根据 ASTM D638 IV 型制备的拉伸试样，以及（d）根据 ASTM D790 制备的弯曲试样。

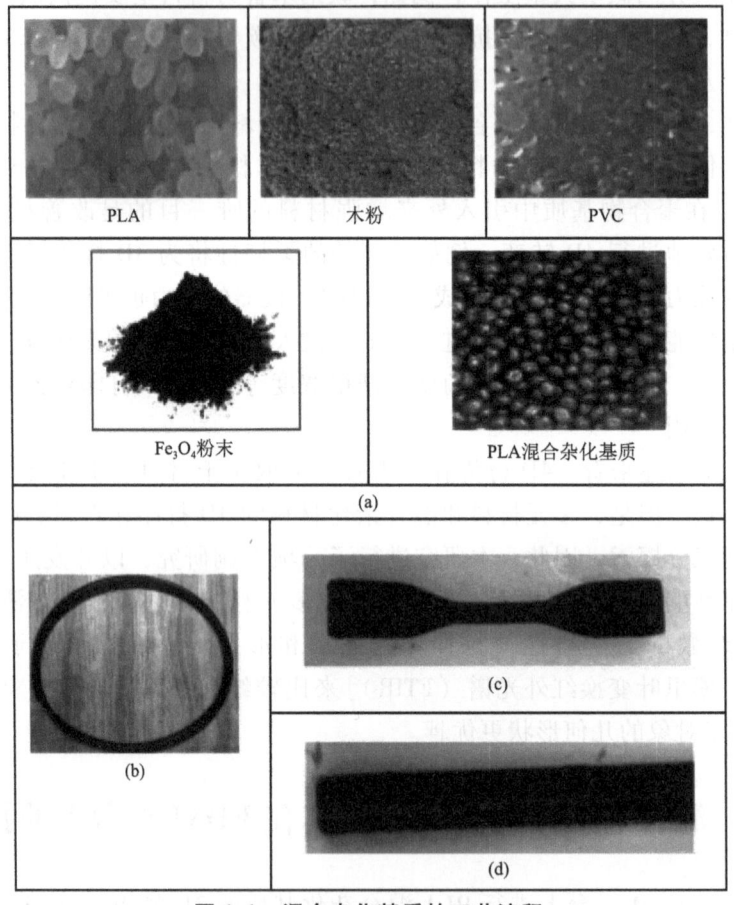

图 1.1　混合杂化基质的工艺流程

（a）不同的材料基质和混合杂化材料基质；（b）开发的原料和打印的功能原型；
（c）根据 ASTM D638 IV 型制备的拉伸试样；（d）根据 ASTM D790 制备的弯曲试样

1.3 聚乳酸多元材料基质的制备及其在FDM平台上的打印

用于制备PLA多元材料基质的聚合物与混合杂化基质的聚合物相同,但这次制备了四种不同的材料基质。这四种不同材料基质的复合比例再次基于MFI进行选择。MFI的范围为37~42(g/10min),分别对应PLA、用PVC增强的PLA(75/25,%)和用Fe_3O_4粉末增强的PLA(80/20,%);PLA/木粉(95/5,%)的MFI在27~29(g/10min)范围内。在制备完材料基质后,采用了与混合杂化基质相同的3D打印功能原型的步骤。图1.2显示了(a)不同的多元材料基质、(b)3D打印的拉伸试样(正视图)、(c)3D打印的拉伸试样(俯视图)、(d)3D打印的弯曲试样(俯视图)和(e)3D打印的弯曲试样(底视图)的示例。

1.4 聚乳酸多元材料和混合杂化基质的比较结果

针对不同的功能原型,采用恒定的打印条件进行样品的3D打印,例如,挤出温度为210℃,填充速度为90mm/min,填充模式为矩形且恒定的填充速度为100mm/min。用万能拉伸机(UTM)在相似的条件下测试了基于混合杂化PLA复合材料和基于多元材料复合材料开发的3D打印拉伸和弯曲试样,例如,测试速度为30mm/min。图1.3显示了UTM上的拉伸和弯曲测试装置。将混合杂化基质和多元材料基质的测试结果进行比较,以找出最佳类型的样品,从而确定力学性能最佳的材料基质。

1.5 多元材料和混合杂化基质的力学特性

表1.1展示了3D打印混合杂化和多元材料PLA基质的力学性能。从表1.1中可以看出,基于多元材料基质的拉伸和弯曲样品力学性能优于基于混合杂化的3D打印原型。这可能是因为与混合杂化材料相比,基于多元材料基质的3D打印样品中PLA的质量百分比较大。多元材料基质中的不同材料基质层显示出过渡层的适当融合,因为存在三个过渡层,分别是PLA/PVC、PLA/木粉和PLA/Fe_3O_4粉末,其中基础层为PLA(100%)。因此,多元材料基质在3D打印不同材料连续层方面显示出适当的兼容性,这些连续层具有更好的性能,使其显示出与基于PLA的材料相当的结果。然而,在混合杂化基质情况下,单一材料基质的效果较差,这可能是由于单一材料基质会在3D打印对象内部存在多个问题,

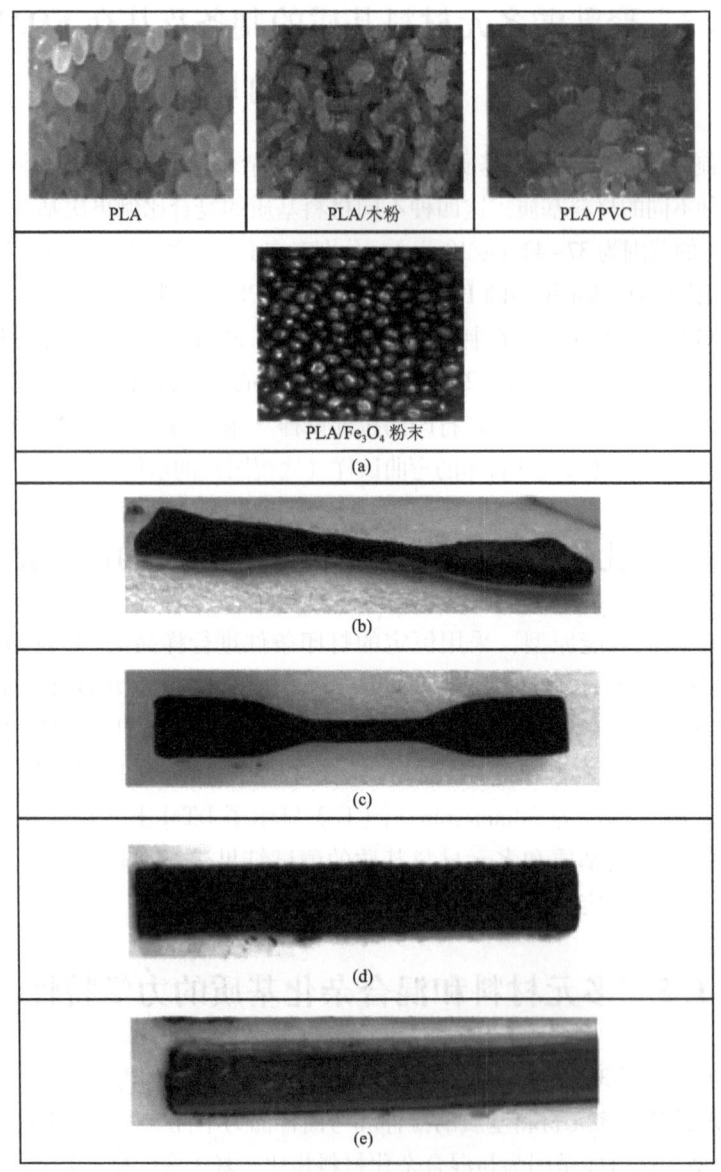

图 1.2 多元材料基质示例

(a) 不同的多元材料基质；(b) 3D 打印的拉伸试样（正视图）；(c) 3D 打印的拉伸试样（俯视图）；
(d) 3D 打印的弯曲试样（俯视图）；(e) 3D 打印的弯曲试样（底视图）

如孔隙/空洞、表面粗糙度等。单一材料基质更易于 3D 打印，因为一旦将原料丝材装入 FDM 机器中，就没有人为干预，但在基于多元材料基质的样本中，每当材料层发生变化时，都需要人为干预以改变原料。

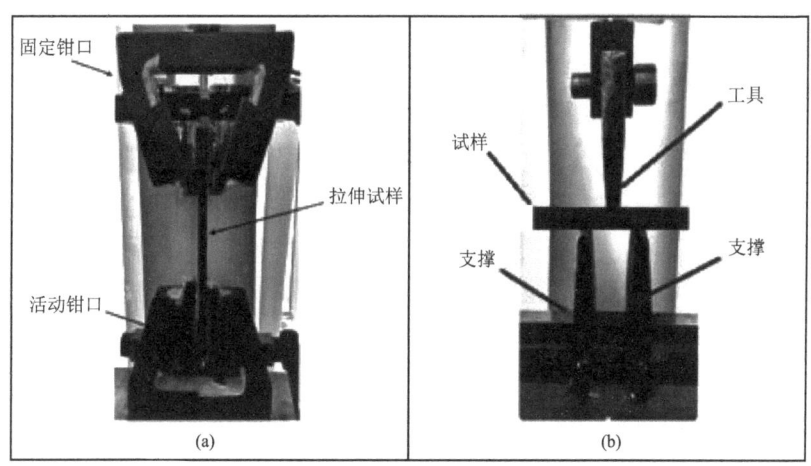

第1章 面向自组装的3D打印多元共混和混合杂化聚乳酸复合基质研究

图1.3 用于拉伸试验和弯曲试验的 UTM 装置
（a）拉伸试验；（b）弯曲试验

表1.1 3D打印混合杂化和多元材料 PLA 基质的力学性能

样品类型	PS/MPa	BS/MPa	MoT/MPa
混合杂化基质拉伸样品	29.5	25.6	1.62
多元材料基质拉伸样品	46.5	42.0	4.76
混合杂化基质弯曲样品	14.85	12.34	2.82
多元材料基质弯曲样品	26.90	24.30	5.57

注：BS：断裂强度；MoT：韧性模量；PS：峰值强度。

图1.4中展示了不同材料基质和功能原型的应力与应变曲线。从图1.4中可以看出，与基于 PLA 混合杂化的基质相比，多元材料基质的应力和应变能力较高。

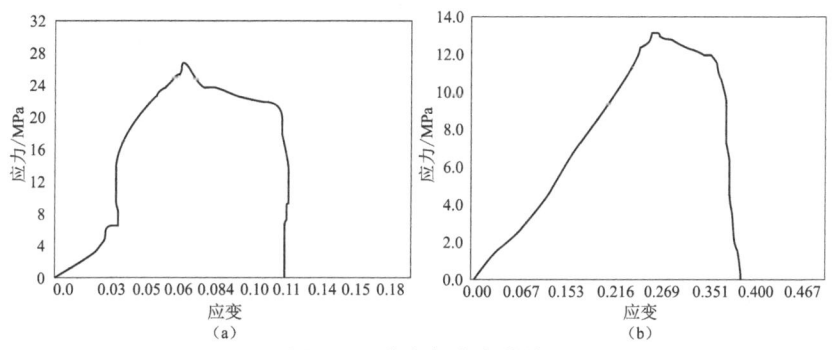

图1.4 应力与应变曲线
（a）混合杂化基质的拉伸试样；（b）混合杂化基质的弯曲试样

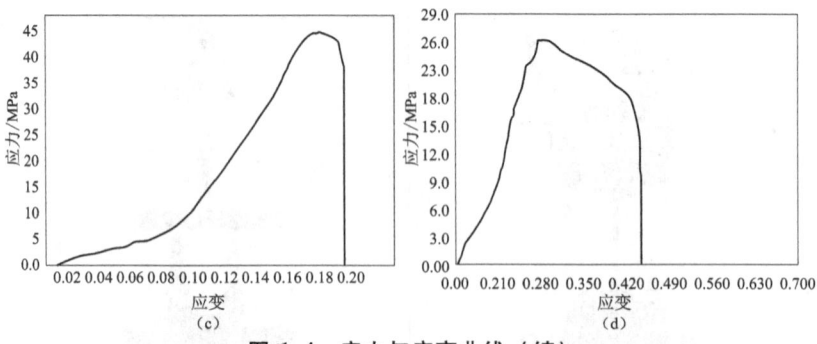

图 1.4 应力与应变曲线（续）

（c）多元材料基质的拉伸试样；（d）多元材料基质的弯曲试样

1.6 形态特性

1.6.1 扫描电子显微镜分析

由于 PLA 复合材料基质的特性差异很大，因此有必要探索多元材料和混合杂化基质的扫描电子显微镜（SEM）特征。首先，对 3D 打印制作的样品进行 UTM 测试，然后对测试过的样品进行切割，得到 3D 打印样品的切片，并在 SEM 下进行观察。值得注意的是，对于多元材料样品，由于存在三层过渡层，即 PLA/PVC、PLA/木粉和 PLA/Fe_3O_4 粉末，因此观察了不同层的截面。从样品的 SEM 分析中可以看出，对于混合杂化基质，Fe_3O_4 颗粒在 3D 打印层内的材料基质中移动，并且获得的表面非常粗糙。样品内部截面的 SEM 分析清楚地表明，3D 打印几何体内部的混合杂化基质存在多个气孔（见图 1.5）。

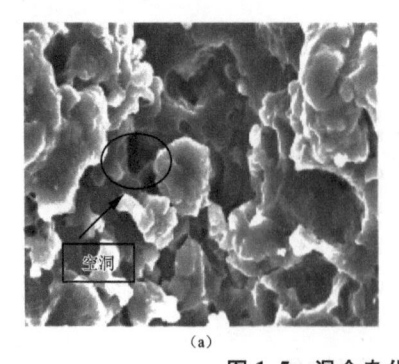

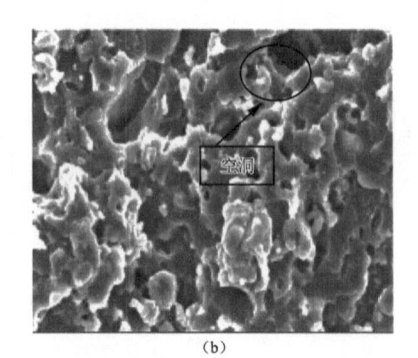

图 1.5 混合杂化基质的 SEM 图像

（a）拉伸试样；（b）弯曲试样

对多元材料基质的不同截面的 SEM 分析表明,过渡层中的碳元素融合良好（见图 1.6 的 SEM 图像）。此外,与基于混合杂化的材料相比,这些层的表面粗糙度较小。

1.6.2 傅里叶变换红外光谱分析

众所周知,PLA 的不同官能团可以在 1 100~4 000 的波数（WN）范围内找到,例如,—C=O：1 720,—C—O：1 100~1 220,—CH₃：1 450[43]。表 1.2 显示了不同 PLA 复合材料中不同官能团的傅里叶变换红外光谱（FTIR）吸收率。不同的 PLA 复合材料显示出材料基质吸收能力的增加,这意味着在基础 PLA 基质中存在增强材料时,复合基质会阻碍光的路径并吸收通过它的光谱,因此在遥感材料的应用中表现不佳。已经观察到,随着吸收能力的增加,力学性能会降低（见图 1.7）。可以看出,纯 PLA 的吸收能力最小,其力学性能在所有不同的 PLA 复合材料中是最好的[44]。类似地,基于 PLA/Fe₃O₄ 粉末的复合材料的吸收能力次之,因此其力学性能在所有测试的 PLA 复合材料中排名第二。需要注意的是,FTIR 结果仅关注 800~2 000 cm⁻¹ 的范围,因为在 2000 cm⁻¹ 以上,吸收能力接近于零,这意味着在 2 000~4 000 cm⁻¹ 范围内,PLA 复合材料的样品可能有一些遥感应用,因为它们能提供 99%~100% 的信号透射率。

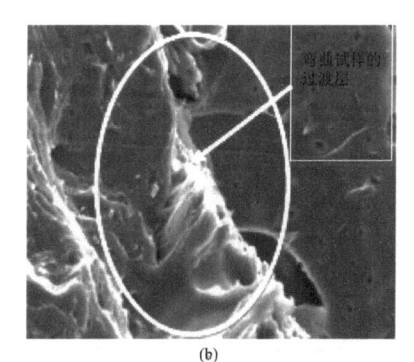

图 1.6 混合杂化基质的 SEM 图像

(a) 拉伸试样；(b) 弯曲试样

表 1.2 各种 PLA 复合材料中不同官能团的 FTIR 吸收率

复合材料	吸收率/%		
	—C=O	—C—O	—CH₃
PLA	0.054 9	0.002 3	0.001 2

续表

复合材料	吸收率/%		
	—C=O	—C—O	—CH$_3$
PLA/PVC	0.144	0.036	0.035
PLA/木粉	0.117	0.0317	0.031
PLA/Fe$_3$O$_4$粉末	0.092	0.039	0.012
混合杂化 PLA	0.091	0.055	0.016

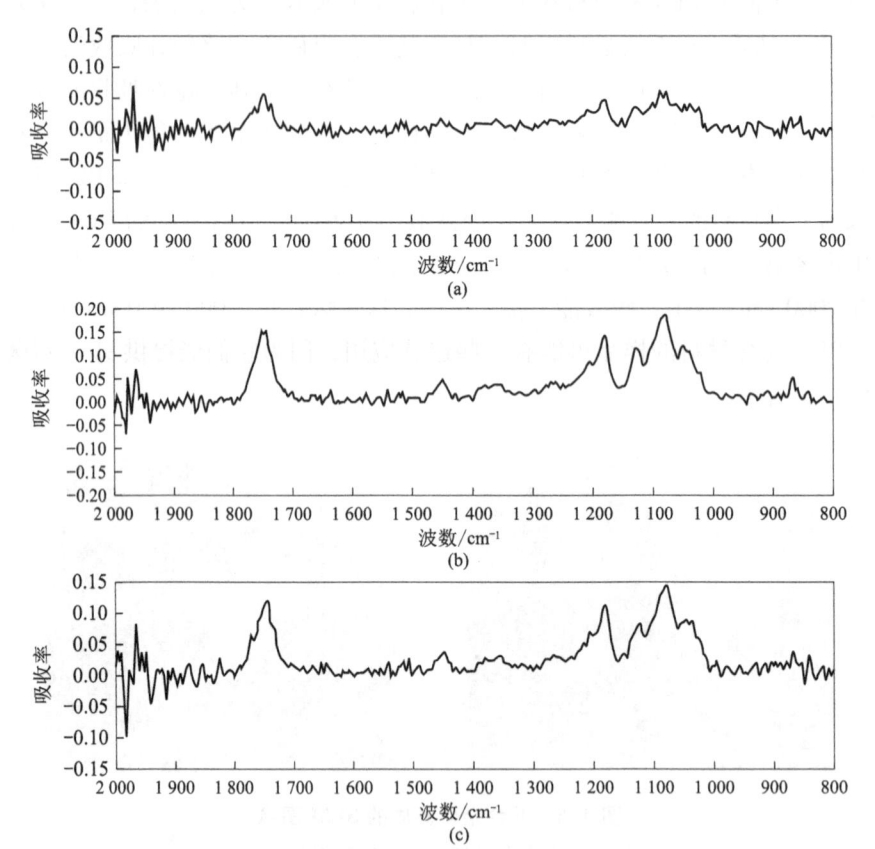

图 1.7　800~2 000 cm^{-1} 范围内，纯 PLA、PLA/PVC、PLA/木粉、PLA/Fe$_3$O$_4$ 粉末和混合杂化 PLA 的 FTIR 结果

(a) 纯 PLA；(b) PLA/PVC；(c) PLA/木粉

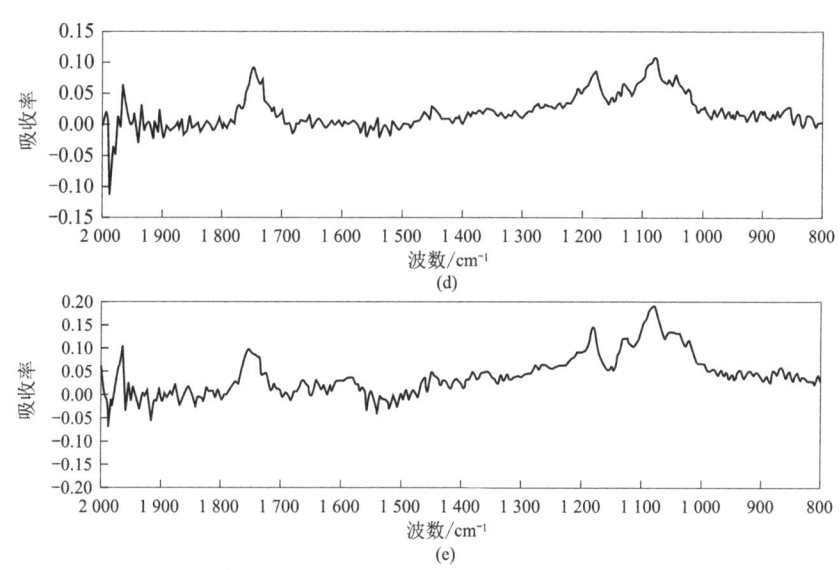

图 1.7 800~2 000 cm^{-1} 范围内，纯 PLA、PLA/PVC、PLA/木粉、PLA/ Fe$_3$O$_4$ 粉末和混合杂化 PLA 的 FTIR 结果（续）

（d）PLA/ Fe$_3$O$_4$ 粉末；（e）混合杂化 PLA

1.7 振动样品磁强计测试结果

使用振动样品磁强计（VSM）对 PLA 多元和混合杂化的复合材料样品进行了磁特性测试，其中对样品施加了 1T（特斯拉）的外部磁场，并观察了样品的磁化程度。从图 1.8 所示结果可以清楚地看到，两种样品（混合杂化和多元材料）的磁化完全是暂时的，一旦移除外部磁场后，样品再次变为非磁性。这两种样品都表现出超顺磁特性，因为它们的磁滞回线非常窄。

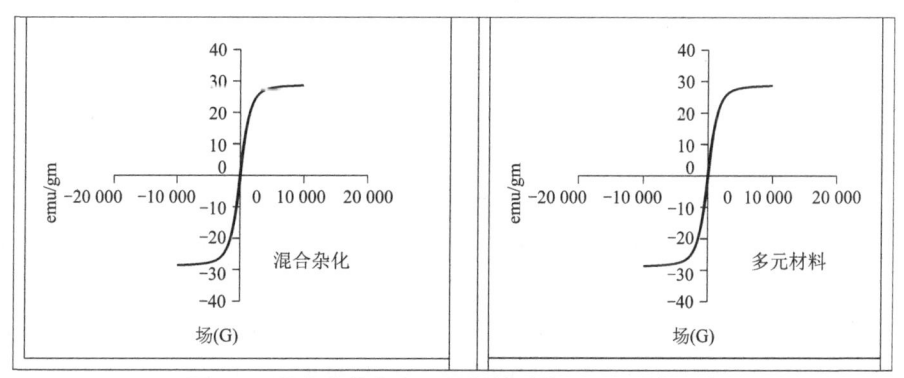

图 1.8 混合杂化和多元材料基质的 VSM 磁滞回线

1.8 总　　结

本研究涉及使用木粉、PVC 和 Fe_3O_4 粉末作为增强材料来制备 PLA 复合材料的混合杂化和多元材料混合物，以便对 3D 打印的不同成分和组合的功能原型进行比较，以进一步探索 4D 应用。以下是观察结果。

(1) 3D 打印多元材料和混合杂化功能原型是可行的。

(2) 3D 打印的多元材料基功能原型的拉伸和弯曲性能优于 PLA 的混合杂化基质。据观察，多元材料基功能原型在力学性能上大约比 PLA 混合杂化的高出 150%。

(3) 基于 VSM 的分析显示，多元材料和基于混合杂化的复合材料的磁化特性是相似的，这意味着这两种复合材料在外部磁场的作用下都能表现出自组装特性。

(4) 基于 FTIR 的分析强调，随着增强水平的增加，材料的吸收率增加，但其力学性能降低了。

参 考 文 献

[1] Wohlers T, Gornet T. History of additive manufacturing. Wohlers Report 2014, 24 (2014): 118.

[2] Zhai Y, Lados DA, LaGoy JL. Additive manufacturing: making imagination the major limitation. JOM 2014, 66 (5): 808-816.

[3] Tibbits S. 4D printing: multi-material shape change. Architectural Design 2014, 84 (1): 116-121.

[4] Ge Q, Dunn CK, Qi HJ, Dunn ML. Active origami by 4D printing. Smart Materials and Structures 2014, 23 (9): 094007.

[5] Yu K, Dunn ML, Qi HJ. Digital manufacture of shape changing components. Extreme Mechanics Letters 2015, 4: 9-17.

[6] Srivastava V, Chester SA, Anand L. Thermally actuated shape-memory polymers: experiments, theory, and numerical simulations. Journal of the Mechanics and Physics of Solids 2010, 58 (8): 1100-1124.

[7] Hu J, Meng H, Li G, Ibekwe SI. A review of stimuli-responsive polymers for smart textile applications. Smart Materials and Structures 2012, 21 (5): 053001.

［8］Gao B, Yang Q, Zhao X, Jin G, Ma Y, Xu F. 4D bioprinting for biomedical appli-cations. Trends in Biotechnology 2016, 34（9）：746-756.

［9］Tibbits S, McKnelly C, Olguin C, Dikovsky D, Hirsch S. 4D printing and universal transformation. In：Proceedings of the 34th annual conference of the Association for Computer Aided Design in Architecture（ACADIA）, Los Angeles, CA, 23-25 October, 2014, p. 539-548. ISBN 9781926724478.

［10］Pei E. 4D Printing：dawn of an emerging technology cycle. Assembly Automation 2014, 34（4）：310-314.

［11］Gladman AS, Matsumoto EA, Nuzzo RG, Mahadevan L, Lewis JA. Biomimetic 4D printing. Nature Materials 2016, 15（4）：413-418.

［12］Zhou Y, Huang WM, Kang SF, et al. From 3D to 4D printing：approaches and typical applications. Journal of Mechanical Science and Technology 2015, 29（10）：4281-4288.

［13］Raviv D, Zhao W, McKnelly C, Papadopoulou A, Kadambi A, Shi B, et al. Active printed materials for complex self-evolving deformations. Scientific Reports 2014, 4：7422.

［14］Jamal M, Kadam SS, Xiao R, Jivan F, Onn TM, Fernandes R, et al. Bio-origami hydrogel scaffolds composed of photocrosslinked PEG bilayers. Advanced Healthcare Materials 2013, 2（8）：1142-1150.

［15］Mao Y, Yu K, Isakov MS, Wu J, Dunn ML, Qi HJ. Sequential self-folding structures by 3D printed digital shape memory polymers. Scientific Reports 2015, 5：13616.

［16］Wu J, Yuan C, Ding Z, Isakov M, Mao Y, Wang T, et al. Multi-shape active composites by 3D printing of digital shape memory polymers. Scientific Reports 2016, 6：24224.

［17］Zhang Q, Zhang K, Hu G. Smart three-dimensional lightweight structure triggered from a thin composite sheet via 3D printing technique. Scientific Reports 2016, 6：22431.

［18］Bakarich SE, Gorkin III R, Panhuis MI, Spinks GM. 4D printing with mechanically robust, thermally actuating hydrogels. Macromolecular Rapid Communications 2015, 36（12）：1211-1217.

［19］Kuksenok O, Balazs AC. Stimuli-responsive behavior of composites integrating thermo-responsive gels with photo-responsive fibers. Materials Horizons 2016, 3（1）：53-62.

[20] Roy D, Cambre JN, Sumerlin BS. Future perspectives and recent advances in stimuli-responsive materials. Progress in Polymer Science 2010, 35 (1-2): 278-301.

[21] Stuart MA, Huck WT, Genzer J, Müller M, Ober C, Stamm M, et al. Emerging applications of stimuli-responsive polymer materials. Nature Materials 2010, 9 (2): 101-113.

[22] Sun L, Huang WM, Ding Z, Zhao Y, Wang CC, Purnawali H, et al. Stimulus-responsive shape memory materials: a review. Materials & Design 2012, 33: 577-640.

[23] Meng H, Li G. A review of stimuli-responsive shape memory polymer composites. Polymer 2013, 54 (9): 2199-2221.

[24] Whitesides GM, Grzybowski B. Self-assembly at all scales. Science (New York, N.Y.) 2002, 295 (5564): 2418-2421.

[25] Khademhosseini A, Langer R. A decade of progress in tissue engineering. Nature Protocols 2016, 11 (10): 1775-1781.

[26] Park JM, Kim DS. The influence of crystallinity on interfacial properties of carbon and SiC two-fiber/polyetheretherketone (PEEK) composites. Polymer Composites 2000, 21 (5): 789-797.

[27] Kaboorani A, Riedl B. Nano-aluminum oxide as a reinforcing material for thermo-plastic adhesives. Journal of Industrial and Engineering Chemistry 2012, 18 (3): 1076-1081.

[28] Aishima I, Takashi Y, Katayama Y, Arimoto K, Matsumoto K, inventors; Asahi Kasei Corp, assignee. Thermoplastic composite compositions. United States patent US 3, 969, 313, 1976.

[29] Goyal RK, Negi YS, Tiwari AN. High performance polymer composites on PEEK reinforced with aluminum oxide. Journal of Applied Polymer Science 2006, 100 (6): 4623-4631.

[30] Díez-Pascual AM, Naffakh M, Marco C, Gómez-Fatou MA, Ellis GJ. Multiscale fiber-reinforced thermoplastic composites incorporating carbon nanotubes: a review. Current Opinion in Solid State and Materials Science 2014, 18 (2): 62-80.

[31] Pak SY, Kim HM, Kim SY, Youn JR. Synergistic improvement of thermal conductivity of thermoplastic composites with mixed boron nitride and multiwalled carbon nanotube fillers. Carbon 2012, 50 (13): 4830-4838.

[32] Pötschke P, Krause B, Buschhorn ST, Köpke U, Müller MT, Villmow T, et al. Improvement of carbon nanotube dispersion in thermoplastic composites using a three roll mill at elevated temperatures. Composites Science and Technology 2013, 74: 78-84.

[33] Cho EC, Huang JH, Li CP, Chang-Jian CW, Lee KC, Hsiao YS, et al. Graphene-based thermoplastic composites and their application for LED thermal management. Carbon 2016, 102: 66-73.

[34] Liu M, Papageorgiou DG, Li S, Lin K, Kinloch IA, Young RJ. Micromechanics of reinforcement of a graphene-based thermoplastic elastomer nanocomposite. Composites Part A: Applied Science and Manufacturing 2018, 110: 84-92.

[35] Yang X, Wang Z, Xu M, Zhao R, Liu X. Dramatic mechanical and thermal incre-ments of thermoplastic composites by multi-scale synergetic reinforcement: carbon fiber and graphene nanoplatelet. Materials & Design 2013, 44: 74-80.

[36] Zarek M, Mansour N, Shapira S, Cohn D. 4D printing of shape memory-based personalized endoluminal medical devices. Macromolecular Rapid Communications 2017, 38 (2): 1600628.

[37] Melocchi A, Inverardi N, Uboldi M, Baldi F, Maroni A, Pandini S, et al. Retentive device for intravesical drug delivery based on water-induced shape memory response of poly (vinyl alcohol): design concept and 4D printing feasibility. International Journal of Pharmaceutics 2019, 559: 299-311.

[38] Hoeher R, Raidt T, Krumm C, Meuris M, Katzenberg F, Tiller JC. Tunable multiple-shape memory polyethylene blends. Macromolecular Chemistry and Physics 2013, 214: 2725-2732.

[39] Yu Y, Yang Y, Murakami M, Nomura M, Hamada H. Physical and mechanical properties of injection-molded wood powder thermoplastic composites. Advanced Composite Materials 2013, 22 (6): 425-435.

[40] Nejhad MG, Parvizi-Majidi A. Impact behaviour and damage tolerance of woven carbon fibre-reinforced thermoplastic composites. Composites. 1990, 21 (2): 155-168.

[41] Davies P, Cantwell WJ, Jar PY, Bourban PE, Zysman V, Kausch HH. Joining and repair of a carbon fibre-reinforced thermoplastic. Composites 1991, 22 (6): 425-431.

[42] Kumar S, Singh R, Batish A, Singh TP. Additive manufacturing of smart

materials exhibiting 4-D properties: a state of art review. Journal of Thermoplastic Composite Materials 2019. Available from: https://doi.org/10.1177/0892705719895052 .

[43] Choksi N, Desai H. Synthesis of biodegradable polylactic acid polymer by using lac-tic acid monomer. International Journal of Applied Chemistry 2017, 13 (2): 377-384.

[44] Kumar S, Singh R, Singh TP, Batish A. Investigations of polylactic acid reinforced composite feedstock filaments for multimaterial three-dimensional printing applications. Proceedings of the Institution of Mechanical Engineers, Part C: Journal of Mechanical Engineering Science 2019, 233 (17): 5953-5965.

第 2 章
以石墨烯增强丙烯腈-丁二烯-苯乙烯复合材料为 4D 应用领域智能材料

Vinay Kumar[1,2], Rupinder Singh[3], I. P. S. Ahuja[2]

1 印度，卢迪亚纳，古鲁·纳纳克·德夫工程学院生产工程系
2 印度，伯蒂亚拉，旁遮普大学机械工程系
3 印度，昌迪加尔，国立技术教师培训与研究学院机械工程系

2.1 引　言

丙烯腈-丁二烯-苯乙烯（ABS）、尼龙和聚乙烯等聚合物本质上是不导电材料，它们因其绝缘特性而被广泛应用于电气设备中。然而，研究发现，在 ABS 聚合物基体中加入还原石墨烯（rG）可以赋予其导电性，使包含 ABS-rG 的复合材料得以用于电气设备制造[1]。此外，ABS-G 基纳米复合材料的电化学阻抗光谱也显示出其力学性能和电学性能有显著提升[2]。报道中指出，一种新型高性能聚合物基体，含有 ABS-钼-磷-氮-rG 等成分的多功能石墨烯基纳米复合材料，可以有效应用于制造高阻燃性和低烟的工业产品[3]。在充斥着可穿戴设备和先进电子元件的现代环境中，人们更易受到电磁干扰等有害波的影响，而据研究，高度压缩的 ABS-石墨烯泡沫基片可以有效屏蔽这些有害辐射[4]。基于 FDM 技术的 3D 打印 ABS 复合材料，因其优良的力学性能和热性能，适合 3D 打印应用，被证明是一种非常有用且有效的电磁辐射屏蔽材料[5]。为了提高 ABS 基体的 3D 打印原型的疲劳寿命，可以将其与 PLA 混合使用，通过控制 3D 打印方向来控制疲劳失效[6]。图 2.1 展示了全球研究者在 ABS 及其复合材料上探索的各种研究关键词，如抗拉强度、阻燃性、复合材料、低温基因处理等的相互作用（基于过去 20 年的网络科学数据库）。

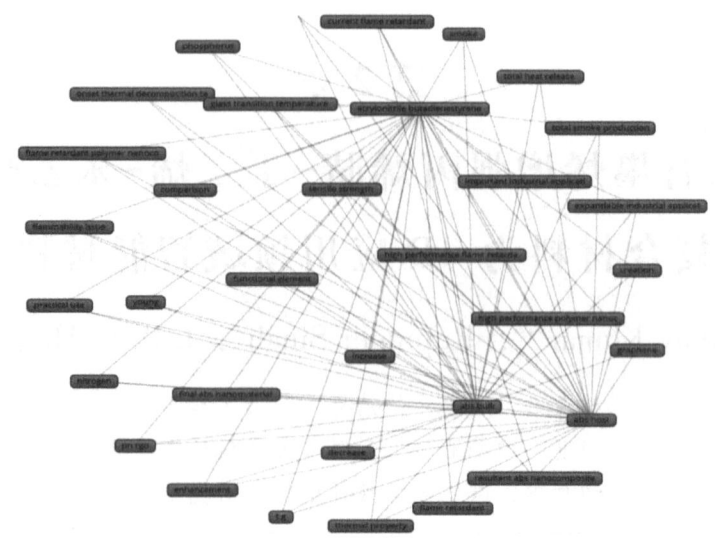

图 2.1　对 ABS 的研究工作进行调查的术语关系网

图 2.1 中强调的 ABS、石墨烯基和其他特性的相互作用，确保了最近研究的聚合物和混合杂化复合材料中存在的石墨烯基有利于天线制造、晶体管、传感器以及更多的工业应用[7-10]。表 2.1 显示了从科学网络数据库中获取的 ABS 及其复合材料的各种术语（1999—2021 年的研究中使用过）的相关得分。

表 2.1　ABS 及其复合材料的实验研究特性列表

序号	术语	出现次数	相关性得分
1	ABS bulk（ABS 块体）	1	1.396 5
2	ABS host（ABS 主体）	1	1.396 5
3	Acceptable dynamic range（可接受的动态范围）	1	0.769 6
4	Acrylonitrile butadiene styrene（丙烯腈-丁二烯-苯乙烯）	1	0.836 3
5	Acrylonitrile Butadiene styrene Copolymer（丙烯腈-丁二烯-苯乙烯共聚物）	1	1.396 5
6	Basic framework（基础框架）	1	0.836 3
7	Calculated enthalpy（计算焓值）	1	1.009 8
8	Catalytic performance enhancement（催化性能提升）	1	1.250 9
9	Comparative analysis（比较分析）	1	1.250 9

第 2 章　以石墨烯增强丙烯腈-丁二烯-苯乙烯复合材料为 4D 应用领域智能材料

续表

序号	术语	出现次数	相关性得分
10	Composite（复合材料）	1	0.836 3
11	Contaminated E waste plastic（受污染的电子废塑料）	1	0.836 3
12	Critical temperature（临界温度）	1	1.009 8
13	Cryogenic temperature（低温）	1	1.396 5
14	Current flame retardant（电流阻燃剂）	1	0.836 3
15	E waste plastic（电子废塑料）	1	0.836 3
16	E waste plastics recycling（电子废塑料回收）	1	1.219
17	Electromagnetic field（电磁场）	1	0.836 3
18	Electronic waste（电子废物）	1	0.836 3
19	Elevated temperature（高温）	1	1.219
20	Fiber optic sensing technique（光纤传感技术）	1	0.836 3
21	Field recycling（现场回收）	1	0.836 3
22	Final ABS nanomaterial（最终 ABS 纳米材料）	1	1.396 5
23	Flame retardant polymer nanocomposite（阻燃聚合物纳米复合材料）	1	1.396 5
24	Flammability issue（可燃性问题）	1	1.396 5
25	Glass transition temperature（玻璃化转变温度）	1	1.396 5
26	Graphene（石墨烯）	1	1.396 5
27	High-performance flame retardant（高性能阻燃剂）	1	1.396 5
28	High-performance polymer nanocomposite（高性能聚合物纳米复合材料）	1	1.396 5
29	Important industrial application（重要工业应用）	1	1.396 5
30	Matrix composition（基质成分）	1	0.769 6
31	Onset thermal decomposition temperature（起始热分解温度）	1	1.396 5
32	Optical beam（光束）	1	1.219
33	Optical communication（光通信）	1	1.219 2
34	Shape recovery（形状复原）	1	0.836 3
35	Recycling（再生利用）	1	0.836 3

续表

序号	术语	出现次数	相关性得分
36	Reference material（参考材料）	1	0.769 6
37	Temperature range（温度范围）	1	1.009 8
38	Tensile strength（拉伸强度）	1	1.396 5
39	Thermal degradation（热降解）	1	0.836 3
40	Thermal processing procedure（热处理程序）	1	0.769 6
41	Thermal property（热特性）	1	1.396 5
42	Thermal stress（热应力）	1	0.836 3
43	Thermochemical process（热化学过程）	1	0.836 3
44	Thermochemical treatment（热化学处理）	1	0.836 3
45	Total heat release（总放热）	1	1.396 5
46	Total smoke production（总产烟量）	1	1.396 5
47	Transformation（转化）	1	1.219 1

值得注意的是，ABS 在制造领域中的应用已经超越了其传统的商业应用，其增材制造（AM）复合材料因独特的阻抗特性和航空应用，受到了广泛关注[11,12]。塑料产品的大规模生产吸引了研究者的关注，他们开始探索最少塑料废物回收的方法，努力开发更加环保的生产方式。各种技术（如低温粉碎、一次再利用、二次再利用和三次再利用[13-18]）被用于废物管理、混合杂化/多元材料开发[19-22]以及提高 ABS 和其他热塑性废料的 3D 打印能力，以便可再生聚合物创新性地用于现代生产制造[23-25]。

2.2 研究空白和问题提出

在过去的 20 年里，关于 ABS 实用性的实验报告显示，ABS 是一种低成本、便利的热塑性材料，被广泛应用于传统和现代制造领域（如 3D 打印）。以 ABS 为基础，添加不同增强材料（如还原石墨烯、石墨烯、碳管和碳纤维）的复合材料拓宽了 3D 打印的应用范围。然而，至今关于 ABS 复合材料的 4D 功能，即开发智能材料以应对外界刺激的报道鲜见。图 2.2 明显存在一个研究空白，即尽管石墨烯增强 ABS（GABS）、ABS 块体和 ABS 主体已被研究用于 3D 打印，但具有高导电性和磁性颗粒的 GABS 复合材料尚未被研究用于 4D 打印。

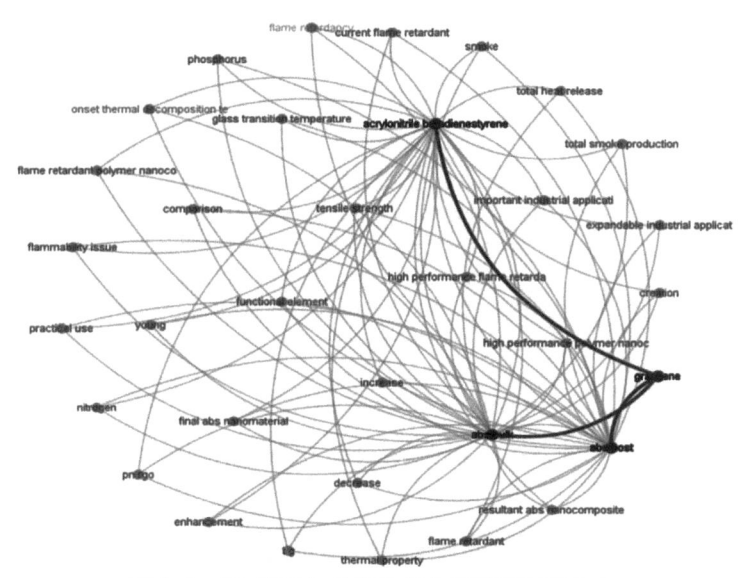

第 2 章　以石墨烯增强丙烯腈-丁二烯-苯乙烯复合材料为 4D 应用领域智能材料

图 2.2　4D 应用中 GABS 复合材料的研究空白

本研究报告了 GABS 复合材料的制备过程（通过化学辅助机械混合处理 ABS 塑料和纳米石墨烯粒子），并研究了不同成分/比例的 GABS 的 4D 特性。为了测试 GABS 复合材料的 4D 特性，在使用 TSE 挤出线材样品时，通过优化 TSE 设置观察到了形状记忆效应。此外，还进行了 VSM 分析和压电系数（D_{33}）计算，以确定 GABS 的磁性能和电性能的变化，从而量化 4D 材料的智能特性。通过形态学分析，研究了混合工艺和 GABS 线材样品中的孔隙率对所提出的复合材料智能行为的影响。

2.3　试验步骤

首先，获得 ABS 颗粒、石墨烯粉末和 ABS 溶剂（即丙酮），这些将用于对 GABS 复合材料的各组分进行化学辅助机械混合。石墨烯的重量①比例从 0% 到 20% 不等，因为之前的研究表明，考虑到 ABS 聚合物基体中石墨烯的特定成分，GABS 复合材料可以获得最佳的流变、热、力学和 3D 打印性能[17]。图 2.3 显示了 GABS 复合材料 4D 测试试验所采用的工作方法。

---

①　本书重量（mass）为质量概念，单位为千克（kg）。

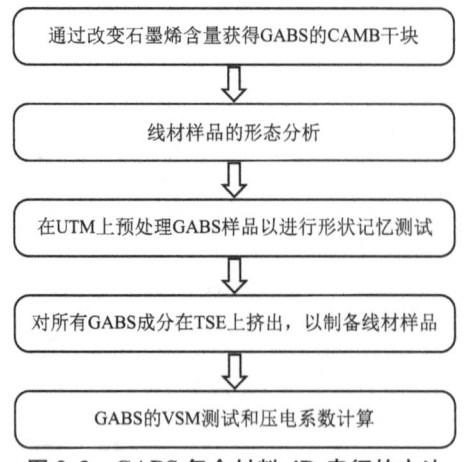

图 2.3　GABS 复合材料 4D 表征的方法

2.3.1　经过化学辅助机械混合与双螺杆挤出的 GABS

通过在 50 ℃下蒸发 GABS-丙酮混合溶液中的丙酮，得到 5 种成分/比例的 GABS 干燥块状物，即 G0-ABS，G5-ABS，G10-ABS，G15-ABS 和 G20-ABS。GABS 复合材料的块状物如图 2.4（a）所示。将干燥的块状物输入 TSE 的过程如图 2.4（b）所示。在保持螺杆温度为 210 ℃和螺杆转速为 70 r/min 的条件下，挤出每种成分/比例的线材样品。图 2.4（c）展示了用于后续试验的 5 种线材样品。

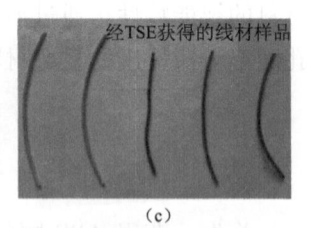

图 2.4　样品的制备

(a) GABS 复合材料干块；(b) TSE 设置；(c) 在 UTM 上进行预应变的 GABS 线材样品

2.3.2　在万能材料试验机上对 GABS 复合材料进行预应力测试

每根约 100 mm 长的 GABS 线材样品可在真空干燥箱中保留 1 h，干燥箱温度保持在 100 ℃（低于 ABS 的玻璃化转变温度（T_g）），以释放复合材料 TSE

挤出的加工应力。图 2.5（a）为用于加热 GABS 复合线材样品的真空干燥箱。在真空干燥箱中热处理后，通过数控万能材料试验机（UTM）（见图 2.5（b））设置的 20 mm/min 的速度，对线材样本进行受控时间（10 s）的应变。记录每个样本长度的变化，并将它们再次在 100 ℃ 温度下保持 1 h，以记录复合材料的最终形状恢复情况。该试验旨在研究 GABS 复合材料周围的热环境作为刺激因素对线材样本形状记忆的影响。

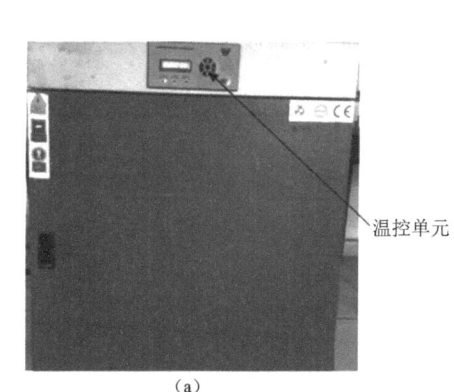

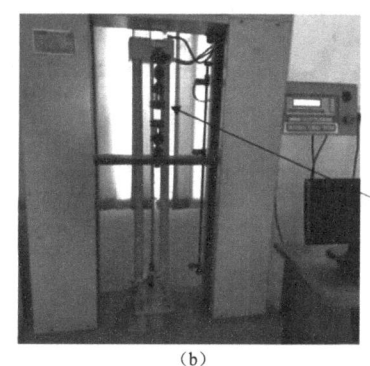

图 2.5 试验设备
（a）真空干燥箱；（b）万能材料试验机

2.3.3 振动样品磁力测量和压电分析

通过施加 1T 外磁场，对 GABS 成分/比例进行了基于 VSM 分析的磁性能研究。记录了 GABS 复合材料样品中的磁化强度。采用直流（DC）极化 GABS 的 3D 打印圆盘状样品，记录每种成分的压电系数 D_{33}，以确定 3D 打印样品的体积变化。图 2.6 所示为振动样品磁力及压电系数测量装置。

图 2.6 振动样品磁力及压电系数测量装置
（a）振动样品磁力测量装置 VSM；（b）压电系数（D_{33}）测量装置

2.4 结果与讨论

2.4.1 石墨烯增强型 ABS 复合材料的形状记忆效应

表 2.2 列出了不同 GABS 复合材料线材样品的形状记忆恢复结果。在低于 T_g 下,试样没有发生显著的相变,但试样长度却发生了明显变化。

表 2.2 GABS 复合材料形状记忆恢复获得的结果

序号	成分/比例	初始试样长度/mm	应变后的长度变化/mm	应变后的试样长度/mm	回收时的最终试样长度/mm	回收长度/mm
1	G0-ABS	100.05	1.61	101.66	101.62	0.04
2	G5-ABS	100.01	1.55	101.56	101.45	0.11
3	G10-ABS	100.03	1.60	101.63	101.37	0.26
4	G15-ABS	100.01	1.65	101.66	101.03	0.63
5	G20-ABS	100.04	1.72	101.76	100.89	0.87

使用数字游标卡尺(日本三丰公司制造)测量试样长度。结果表明,GABS 复合材料中石墨烯含量的增加提高了 ABS 的形状记忆效果。在 100 ℃ 真空干燥箱提供的热量刺激下,G20-ABS 金属丝样品的长度恢复最大,达到 0.87 mm。另外,在不含石墨烯的 G0-ABS 中观察到的恢复可以忽略不计。形状记忆效应研究结果表明,GABS 复合材料在室温下具有较高的热稳定性,但在高温下则表现为具有 4D 特性的热响应智能材料。

2.4.2 振动样品磁力测量和压电分析

表 2.3 列出了 GABS 每种成分/比例的 VSM 和压电分析结果。VSM 分析提供了复合材料实现的最大磁化强度(以 emu/g 表示),从而勾勒出 GABS 中保持外部磁场的 4D 特性,作为提供材料磁性能的函数。此外,在 GABS 中观察到的压电系数显示了材料作为最大可能体积变化函数的 4D 特性。

表 2.3 GABS 复合材料的 VSM 和压电分析结果（根据表 2.2）

序号	成分/比例	磁化强度/ ($\times 10^{-5}$ emu·g^{-1})	直流极化的 可能容量/kV	压电系数 $D_{33}/$（pC·N^{-1}）
1	G0-ABS	0.001 1	3.00	0.04
2	G5-ABS	0.021 6	3.15	1.19
3	G10-ABS	0.045 2	3.45	2.27
4	G15-ABS	0.057 1	3.50	3.61
5	G20-ABS	0.061 9	3.50	4.56

磁性能和压电研究结果表明，与其他 GABS 样品相比，复合材料 G20-ABS（石墨烯含量最高）的最大磁化强度为 $0.061\ 9 \times 10^{-5}$ emu·g^{-1}，压电系数（$D_{33}=4.56$ pC·N^{-1}）的最大直流极化能力为 3.50 kV（无过载）。在改变材料物理性质的外加刺激（外加磁场和电场）作用下，该复合材料显示出可接受的智能特性。

2.4.3 形态学分析

通过使用工具显微镜（放大倍数为×30），观察了沿横截面 GABS 线材样品的形态特性。图 2.7 显示了沿径向轴观察到的线材样品的孔隙率（使用 MIAS4.0 图像分析软件）。基于图 2.7，图 2.8 突出显示了复合材料的表面特性，包括表面纹理、粗糙度、振幅分布函数、峰值计数、承载比曲线。

从图 2.7、表 2.2 和表 2.3 中可以看出，在 G20-ABS 线材截面中，编号为 S.No.5 的样品（孔隙率为 8.46%）的受控孔隙率对 4D 性能的影响显著。材料的均匀混合可能提升了复合颗粒的亲和力，降低了原料长丝中的孔隙率。因此，G20-ABS 具有更好的形状记忆效果。此外，更优的形态特征提高了 3D 打印样品的质量，从而降低了电荷泄漏的概率，实现了良好的磁性能和压电性能。图像处理软件处理后的光学显微照片（见图 2.7）在 3D 渲染图像、表面纹理、波纹度、表面粗糙度轮廓、振幅分布函数、峰值计数和承载比曲线分析（见图 2.8）中清楚地证明了这种影响。

光学显微镜图像（×30倍率）	孔隙率分析
G0-ABS	孔隙率（G0-ABS）= 26.19%
G5-ABS	孔隙率（G5-ABS）= 23.8%
G10-ABS	孔隙率（G10-ABS）= 14.03%
G15-ABS	孔隙率（G15-ABS）= 10.7%
G20-ABS	孔隙率（G20-ABS）= 8.46%

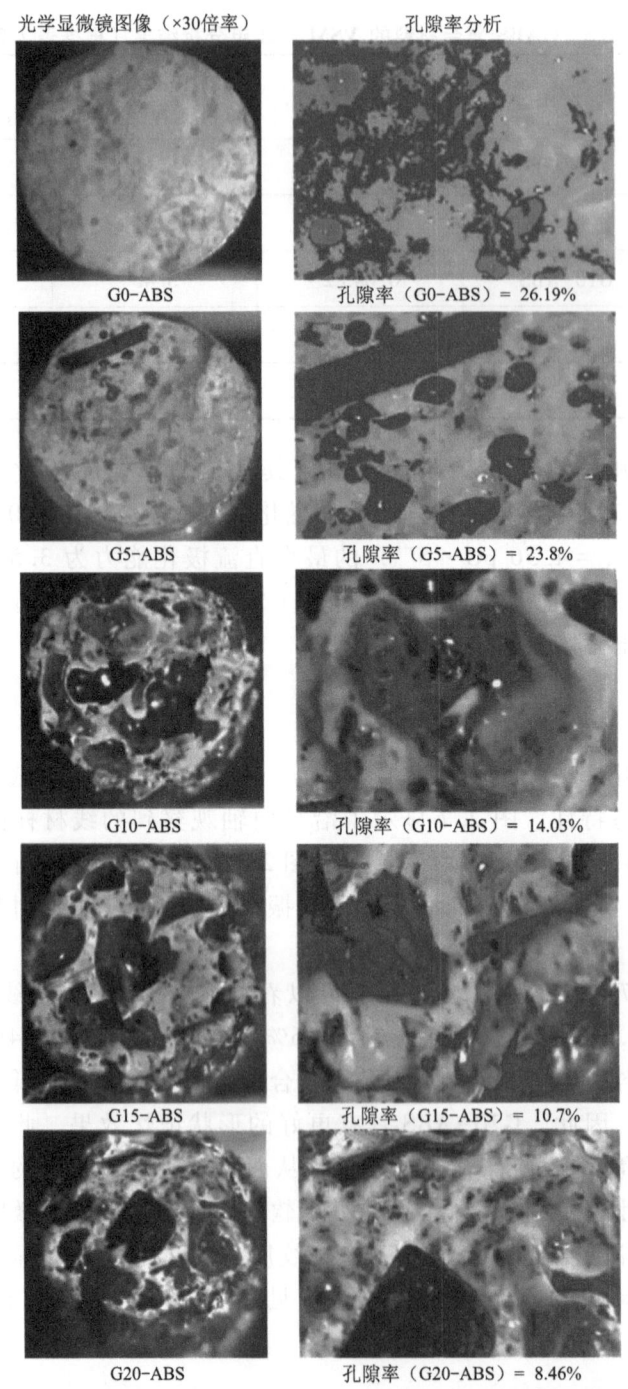

图 2.7　GABS 复合材料（见表 2.2）沿径向的光学显微图像和孔隙率

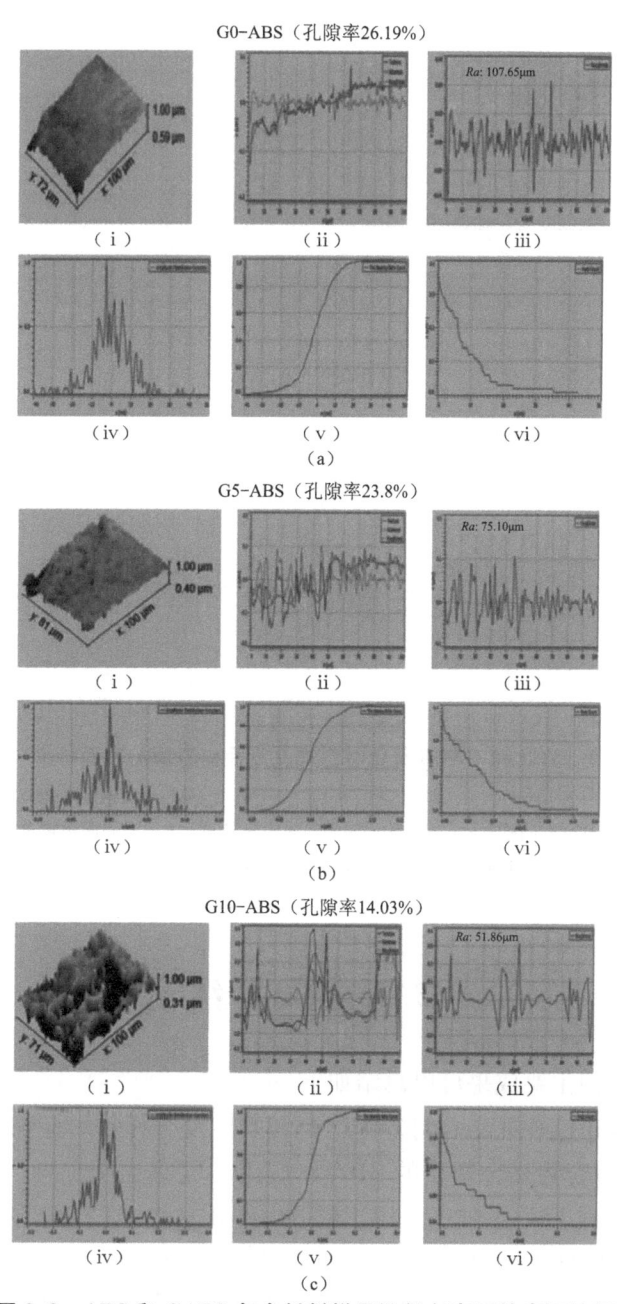

第 2 章　以石墨烯增强丙烯腈-丁二烯-苯乙烯复合材料为 4D 应用领域智能材料

图 2.8　ABS 和 GABS 复合材料样品沿径向表面的表面特征

（a）G0-ABS（孔隙率 26.19%）；（b）G5-ABS（孔隙率 23.8%）；
　　（c）G10-ABS（孔隙率 14.03%）

G15-ABS（孔隙率10.7%）

（i） （ii） （iii）

（iv） （v） （vi）

(d)

G20-ABS（孔隙率8.46%）

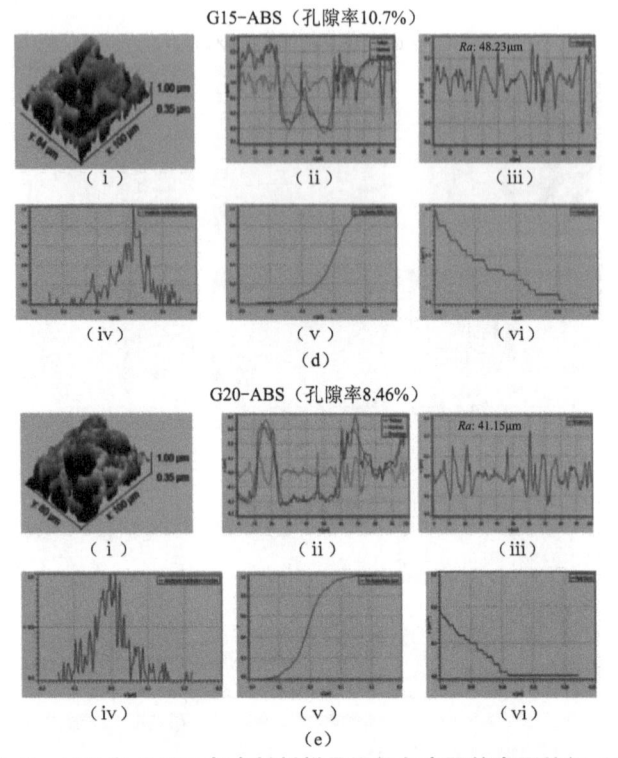

（i） （ii） （iii）

（iv） （v） （vi）

(e)

图 2.8 ABS 和 GABS 复合材料样品沿径向表面的表面特征（续）

（d）G15-ABS（孔隙率 10.7%）；（e）G20-ABS（孔隙率 8.46%）

（i）3D 渲染图像；（ii）表面纹理、波纹度轮廓；（iii）表面粗糙度轮廓；

（iv）振幅分布函数；（v）承载比曲线；（vi）峰值计数

2.5 总　结

本项工作的主要成果可以总结如下。

（1）CAMB 已被证实是制备 ABS 内部智能复合材料的有效方法，可用于基于 ABS 的聚合物复合基质的 3D/4D 应用实验室规模实验。CAMB-GABS 复合材料易于在 TSE 上加工，用于制造内部开发的 3D 打印原料长丝。

（2）GABS 复合材料良好的热响应特性赋予其显著的形状记忆效应。G20-ABS 表现出良好的形状记忆效应，在热刺激作用下可恢复 0.87 mm 的长度，是最好的组合。

（3）GABS 的 VSM 和压电分析概述了 GABS 的成分/比例中关于 4D 特性方面的可接受的磁性和电活性特性。G20-ABS 的磁化强度为 $0.061\ 9\times10^{-5}$ emu·g^{-1}，压

电系数 D_{33}=4.56 pC·N^{-1}。这些特性使材料在施加磁场或电场的情况下可自驱动。

（4）形态学分析的结果也支持了上述研究结果，G20-ABS 样品沿径向的孔隙率非常低。该成分/比例的孔隙率为 8.46%，可能有助于获得更好的 4D 性能。

展　　望

GABS 复合材料可以作为 4D 应用中的智能材料，通过安装热响应的微型热塑性元件，实现受控的驱动和回缩。可以研究 GABS 的磁性能和基于压电性能的 4D 功能，以开发具有自驱动和自修复特性的智能 3D 打印原型。这些原型可用于新一代的机器人传感器、执行器和各种工程应用中的智能天线。

致　　谢

作者获得了印度政府科学与遗产研究计划（SHRI）项目的资金支持，该项目旨在开发用于修复受损遗产结构的智能材料，文件编号为 DST/TDT/SHRI-35/2018。

参 考 文 献

［1］ Gao A, Zhao F, Wang F, Zhang G, Zhao S, Cui J, et al. Highly conductive and light-weight acrylonitrile-butadiene-styrene copolymer/reduced graphene nanocomposites with segregated conductive structure. Composites Part A：Applied Science and Manufacturing 2019, 122：1-7.

［2］ Alauddin SM, Ismail I, Zaili FS, Ilias NF, Aripin NFK. Electrical and Mechanical properties of acrylonitrile butadiene styrene/graphene platelet nanocomposite. Materials Today：Proceedings 2018, 5：S125-S129.

［3］ Huang G, Chen W, Wu T, Guo H, Fu C, Xue Y, et al. Multifunctional graphene-based nano-additives toward high-performance polymer nano-composites with enhanced mechanical, thermal, flame retardancy and smoke suppressive properties. Chemical Engineering Journal 2021, 410：127590.

［4］ Wang L, Wu Y, Wang Y, Li H, Jiang N, Niu K. Laterally compressed graphene foam/acrylonitrile butadiene styrene composites for electromagnetic interference shielding. Composites Part A：Applied Science and Manufacturing 2020, 133：105887.

[5] Schmitz DP, Dul S, Ramoa SDAS, Soares BG, Barra GMO, Pegoretti A. Effect of printing parameters on the electromagnetic shielding efficiency of ABS/carbona-ceous-filler composites manufactured via filament fused fabrication. Journal of Manufacturing Processes 2021, 65: 12-19.

[6] Azadi M, Dadashi A, Dezianian S, Kianifar M, Torkaman S, Chiyani M. High-cycle bending fatigue properties of additive-manufactured ABS and PLA polymers fabricated by fused deposition modeling 3D-printing. Forces in Mechanics 2021, 100016.

[7] Clower W, Hartmann MJ, Joffrion JB, Wilson CG. Additive manufactured graphene composite Sierpinski gasket tetrahedral antenna for wideband multi-frequency applications. Additive Manufacturing 2020, 32: 101024.

[8] Jyoti J, Dhakate SR, Singh BP. Phase transition and anomalous rheological properties of graphene oxide-carbon nanotube acrylonitrile butadiene styrene hybrid composites. Composites Part B: Engineering 2018, 154: 337-350.

[9] Tao T, Zhou Y, Ma M, He H, Gao N, Cai Z, et al. Novel graphene electrochemical transistor with ZrO_2/rGO nano-composites functionalized gate electrode for ultrasensitive recognition of methyl parathion. Sensors and Actuators B: Chemical 2021, 328: 128936.

[10] Nabi G, Malik N, Tahir MB, Raza W, Rizwan M, Maraj M, et al. Synthesis of graphitic carbon nitride and industrial applications as tensile strength reinforcement agent in red Acrylonitrile-Butadiene-Styrene (ABS). Physica B: Condensed Matter 2021, 602: 412556.

[11] Jyoti J, Kumar A, Dhakate SR, Singh BP. Dielectric and impedance properties of three dimension graphene oxide-carbon nanotube acrylonitrile butadiene styrene hybrid composites. Polymer Testing 2018, 68: 456-466.

[12] Oztan C, Ginzburg E, Akin M, Zhou Y, Leblanc RM, Coverstone V. 3D printed ABS/paraffin hybrid rocket fuels with carbon dots for superior combustion performance. Combustion and Flame 2021, 225: 428-434.

[13] Cress AK, Huynh J, Anderson EH, O'neill R, Schneider Y, Keleş Ö. Effect of recycling on the mechanical behavior and structure of additively manufactured acrylonitrile butadiene styrene (ABS). Journal of Cleaner Production 2021, 279: 123689.

[14] Kumar V, Singh R, Ahuja IPS. On mechanical and thermal properties of cryomilled primary recycled ABS. Sādhanā 2020, 45 (1): 1-13.

第2章 以石墨烯增强丙烯腈-丁二烯-苯乙烯复合材料为4D应用领域智能材料

[15] Kumar V, Singh R, Ahuja IPS. On cryogenic milling of primary recycled ABS: rheological, morphological, and surface properties. Journal of Thermoplastic Composite Materials 2020. p. 0892705720932621.

[16] Kumar V, Singh R, Ahuja IPS. Effect of extrusion parameters on primary recycled ABS: mechanical, rheological, morphological and thermal properties. Materials Research Express 2020, 7 (1):015208.

[17] Kumar V, Singh R, Ahuja IPS. Secondary recycled acrylonitrile-butadiene-styrene and graphene composite for 3D/4D applications: rheological, thermal, magnetometric, and mechanical analyses. Journal of Thermoplastic Composite Materials 2020. p. 0892705720925114.

[18] Singh PK, Suman SK, Kumar M. Influence of Recycled Acrylonitrile Butadiene Styrene (ABS) on the Physical. Rheological and Mechanical Properties of Bitumen Binder. Transportation Research Procedia 2020, 48: 3668-3677.

[19] Singh R, Kumar R, Singh P. Prospect of 3D printing for recycling of plastic product to minimize environmental pollution. Reference Module in Materials Science and Materials Engineering. Elsevier; 2018.

[20] Singh R, Kumar R. Energy storage device from polymeric waste based nanocomposite by 3D printing. Reference Module in Materials Science and Materials Engineering. Elsevier; 2020.

[21] Kumar S, Singh R, Singh TP, Batish A. Thermosetting polymers for 4D printing. Reference Module in Materials Science and Materials Engineering. Elsevier; 2020.

[22] Kumar S, Singh R, Singh TP, Batish A. Dual/Multi printing of thermosetting polymers. Reference Module in Materials Science and Materials Engineering. Elsevier; 2020.

[23] Kumar S, Singh R, Singh TP, Batish A. Multi material printing of recycled thermoplastics and thermosetting polymers. Reference Module in Materials Science and Materials Engineering. Elsevier; 2020.

[24] Singh J, Chawla K, Singh R. Mechanical and rheological investigations of bakelite reinforced ABS. Reference Module in Materials Science and Materials Engineering. Elsevier; 2020.

[25] Rabbi MF, Chalivendra V. Strain and damage sensing in additively manufactured CB/ABS polymer composites. Polymer Testing 2020, 90: 106688.

第 3 章

利用磁场激励再生聚乳酸复合基质双向编程

Sudhir Kumar[1], Rupinder Singh[2], T. P. Singh[3], Ajay Batish[3]

1 印度，卢迪亚纳，CT 大学机械工程系
2 印度，昌迪加尔，国立技术教师培训与研究学院机械工程系
3 印度，伯蒂亚拉，塔帕尔工程技术学院机械工程系

3.1 引 言

3D 打印技术中的智能材料基质已经成为当前最重要的研究领域之一。智能材料基质在 3D 打印中的应用，开启了 3D 打印向 4D 打印发展的新篇章[1]。4D 打印的第四个维度是"时间"[2]。这些被称为智能材料的材料基质也被称作形状记忆聚合物，因为它们能记住原始的形状，并且在受到某种外部刺激时改变形状[3]。近年来，有关多元材料打印的研究报道了基于样品设计的材料基质的 4D 效果，如 miura-origami 结构和其他超材料结构[4-6]。超材料结构的设计方式是，当施加外部刺激时，其几何形状会导致其结构发生变化[7,8]。造成结构变化的关键几何细节包括边长、连接角、曲线形状等。

4D 打印是麻省理工学院（MIT）在 2013 年提出并发展起来的一种新概念，MIT 实验室展示了 4D 行为的可能性。其基本理念是，3D 打印的材料可以模仿环境中已经存在的各种自然现象[9]。材料的程序化打印有多种方式，如针对 4D 应用的单向、双向和多向编程。图 3.1 显示了单向、双向和多向编程技术。单向编程是指对材料基质或设计进行单阶段的形状变化编码，在不同的时间给予不同的刺激来获得所需的形状变化[10]。双向编程是指在需要时开启或关闭刺激，使得在相同的刺激下，实体可以逆向恢复到原来的形状[11]。多向编程处理不同阶段（大于两个）的形状恢复和形状变化[12,13]。

图 3.1　不同的编程方式

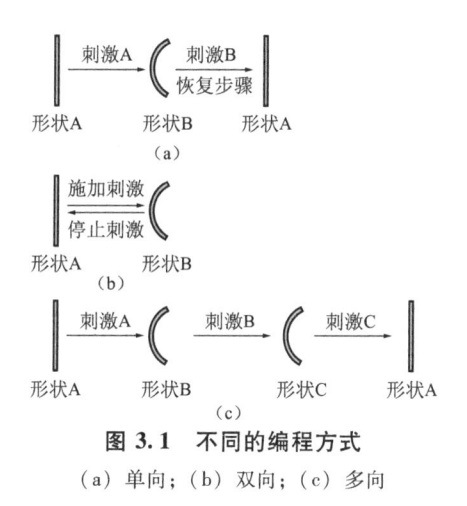

(a) 单向；(b) 双向；(c) 多向

近年来，研究人员探索了各种刺激（如 pH、温度、阳光、电场和磁场）[14]。由于存在马氏体、孪晶马氏体和奥氏体等不同的晶体结构，形状记忆合金的结构变化的可能性进一步增大[12]。智能材料的滞后现象在形状记忆合金的应用中发挥了重要作用，因为低滞后是实现快速驱动的必要条件[15]。在磁性材料中，孪晶马氏体的运动是形状记忆效应的基础。磁性引起的孪晶马氏体重新定向会导致材料基质的结构变化[16]。

随着环境温度的升高，材料的 4D 特性会减弱，因为温度升高会导致磁化强度的损失[17]。4D 打印的结构材料可能会为不同的行业带来巨大的效益，例如，医疗行业可能会从各种不同的 4D 打印材料中获益。又如，在生物医学应用中，可以使用镍钛合金进行牙齿矫正和应用其自膨胀特性[18,19]。

3.2　二次再生型聚乳酸复合材料的双向编程：一个案例研究

文献综述揭示了 3D 打印向 4D 打印的转变阶段。4D 打印需要对特定阶段的材料进行编程，并通过外部刺激来驱动材料基质。在当前的研究工作中，以再生的聚乳酸（PLA）复合基质为例进行了案例研究，其中添加了 Fe_3O_4 粉末，以便观察磁场的影响，并使用 VSM 观察其行为的变化。最后，通过计算聚合物复合材料在不同再生阶段的统计控制性能，测试了所开发原料的磁化能力的可重复性和可靠性。

3.3 材料与方法

在这一研究中，PLA 和 Fe_3O_4 粉末均购买于当地市场（Shiva Chemicals Limited 公司，位于印度卢迪亚纳）。采用机械混合法制备了 PLA 复合材料，其中 Fe_3O_4 粉末在 PLA 基质中的比例为 20%，此比例是根据材料基质的熔体流动指数确定的。接着，利用 TSE 工艺制备了原料长丝。这些原料长丝在双螺杆挤压过程中被反复挤压 3 次，然后收集了各阶段的原料长丝样品进行再生。再生过程分为三个阶段，以便能观察到再生过程对不同性能的影响。使用 UTM 和 VSM 机器对开发的原料进行了力学性能和磁性能测试。图 3.2 展示了这项研究采用的方法。

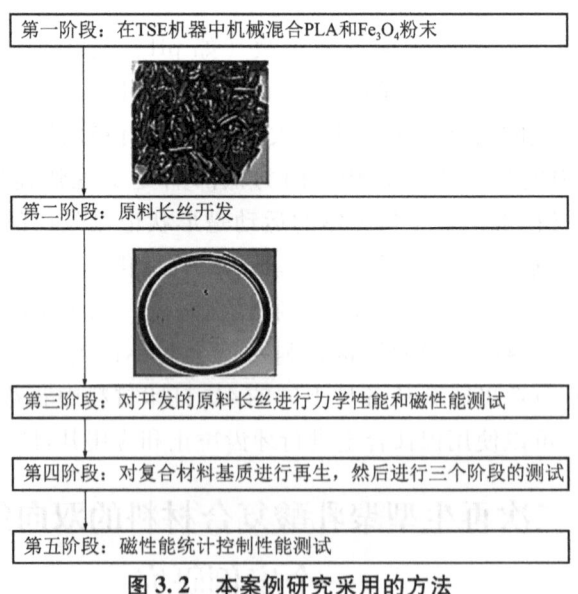

第一阶段：在TSE机器中机械混合PLA和Fe_3O_4粉末

第二阶段：原料长丝开发

第三阶段：对开发的原料长丝进行力学性能和磁性能测试

第四阶段：对复合材料基质进行再生，然后进行三个阶段的测试

第五阶段：磁性能统计控制性能测试

图 3.2 本案例研究采用的方法

3.4 结果与讨论

3.4.1 机械测试结果

通过 UTM 机，测试了所制备的各再生阶段原料长丝的力学性能。图 3.3 显示了 PLA/Fe_3O_4 复合材料基质在不同再生阶段的力学性能。研究结果表明，随着循环周期的增加，PLA/Fe_3O_4 复合材料的力学性能有所下降，但变

化并不明显。PLA/Fe$_3$O$_4$ 基质的峰值强度在三个再生阶段的损失都相对较小，具体来看，第一阶段的峰值强度损失为 1%；第二阶段为 14%；第三阶段为 22%。因此，向 PLA 基质中添加 Fe$_3$O$_4$ 粉末不仅增加了 PLA 的回收寿命，还在材料基质中引入了磁特性，这是智能材料基质 4D 特性所必需的磁性能。

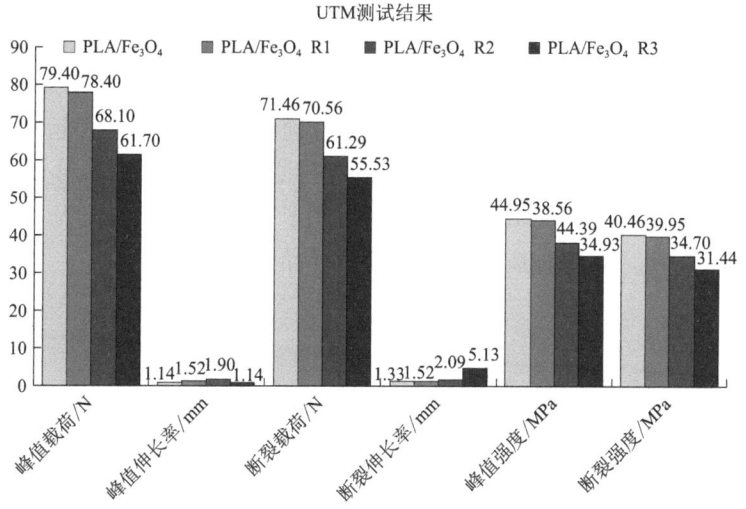

图 3.3　不同再生阶段 PLA 复合材料的力学结果

注：PL—峰值载荷；PE—峰值伸长率；BL—断裂载荷；BE—断裂伸长率；
PS—峰值强度；BS—断裂强度。

3.4.2　振动样品的磁力测量分析

在室温条件下使用 VSM 机器测试了原料长丝的磁性质。测试结果显示，由于磁滞回线非常细，可以确认样品具有超顺磁性。磁滞回线的细小表明，该材料因其较低的保磁性和抗磁性，适用于要求快速启动和停止的过程。在选择的复合比例下，原料丝的磁化强度为 28 emu·g^{-1}。表 3.1 展示了制备的原料长丝的磁性能，可以清楚地观察到磁性能只有极微小的变化。

表 3.1　在三个阶段中观察到的再生材料基质的磁性能

复合材料/再生阶段	磁化强度/（emu·g^{-1}）	保磁性
PLA/Fe$_3$O$_4$	28.553±1.2	72.354±4.32
PLA/Fe$_3$O$_4$ R1	27.869±1.4	71.263±3.56

续表

复合材料/再生阶段	磁化强度/（emu·g^{-1}）	保磁性
PLA/Fe$_3$O$_4$ R2	27.965±1.3	72.243±3.21
PLA/Fe$_3$O$_4$ R3	28.114±1.2	72.361±4.14

图 3.4 显示了 PLA/Fe$_3$O$_4$（80/20，质量比）的磁滞回线。三个再生阶段的磁滞回线表明，PLA/Fe$_3$O$_4$ 复合材料的磁性质几乎没有变化，这是因为在 TSE 机器的设置中，材料是在 210 ℃ 的低温条件下进行加工的，这个温度不足以改变材料的磁性质。VSM 分析清楚地表明，样品具有超顺磁结构，这一点可以从磁滞回线区域明显观察到。因此，材料的磁化和退磁速度非常快。这样，就实现了用 TSE 工艺制备的原料长丝材料的双向编程。为了检查过程的统计控制，为每种成分制作了 3 个样品。

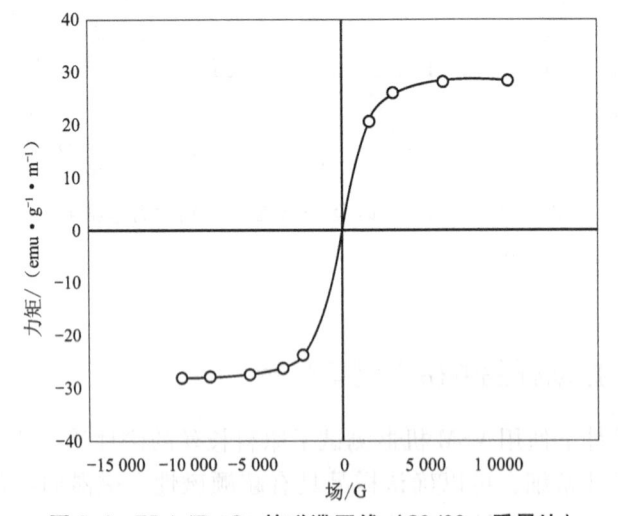

图 3.4 PLA/Fe$_3$O$_4$ 的磁滞回线（80/20，质量比）

注：由于材料基质保持相同的结果，并且添加其余材料基质的数据会导致曲线重叠，因此，未显示其他再生材料基质的磁滞回线。

3.4.3 PLA 复合材料磁性能的统计学控制

表 3.1 展示了高级 Excel 软件对不同 PLA 复合材料进行统计控制的计算结果。表 3.2 则列出了对得到的数据进行统计控制测试的上限和下限标准。这些统计上下限是根据未进行再生利用的材料成分取得的最大和最小结果来选定的。例如，PLA/Fe$_3$O$_4$ 复合材料在三个再生阶段中，第一阶段制备的原

料长丝的磁性能被选作控制上下限。统计控制测试的结果显示，由于 PLA/Fe$_3$O$_4$ 复合材料的 C_p 和 C_{pk} 值均大于 1，且标准偏差为最佳值，因此该工艺处于统计控制状态。结果还揭示，不同再生阶段的不同原料容易被磁化和退磁，且结果是重复得到的，所有值均在控制范围内。因此，可以确定 PLA/Fe$_3$O$_4$ 复合材料的双向编程在三个循环阶段是可行且可重复的。图 3.5（a）和图 3.5（b）分别展示了 PLA/Fe$_3$O$_4$ 复合材料磁化率的正态概率测试图和钟形磁化曲线，从中可以看出，复合材料的磁化强度处于统计控制范围内。表 3.3 显示了原料长丝生产过程的总体能力和潜在能力，重点关注复合材料的磁性能，包括过程的 C_p 值和 C_{pk} 值。

表 3.2　PLA/Fe$_3$O$_4$ 复合材料在三个再生阶段的统计控制上限和下限

统计控制上限	29
统计控制下限	27

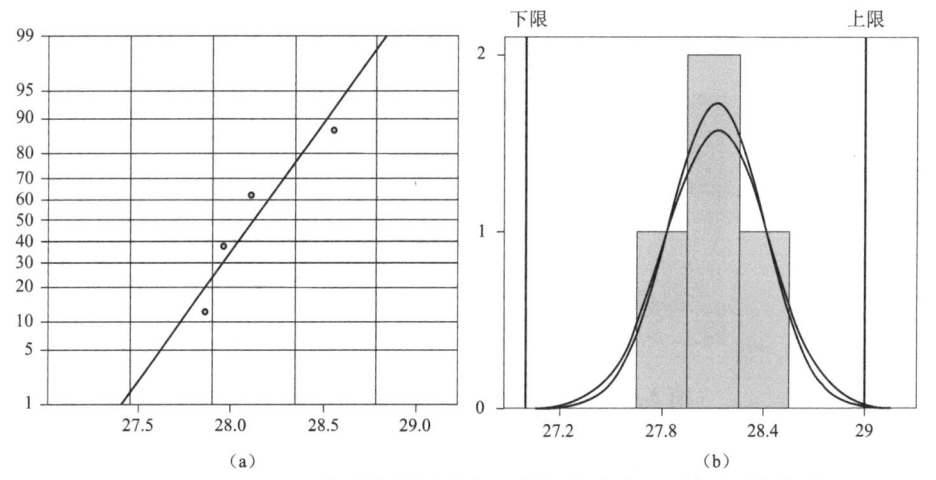

图 3.5　PLA/Fe$_3$O$_4$ 复合材料磁化率正态概率测试图及钟形磁化曲线

（a）正态概率测试图；（b）钟形磁化曲线

表 3.3　原料长丝生产工艺的总体能力和潜在能力（重点关注复合材料的磁性能）

潜在能力		总体能力	
标准偏差	0.277 778	标准偏差	0.304 521
C_p	1.2	P_p	1.09
C_{pk}	1.06	P_{pk}	0.96

注：C_p 和 P_p 的区别在于如何确定标准偏差。对于 P_p，通过样本抽样计算一个估计的标准偏差。在 C_p 中，假设过程稳定，计算一个真实的标准偏差。

3.4.4　孔隙率分析

在工具显微镜下，对 PLA 基复合材料的不同原料长丝的表面特征进行了 100 倍放大的分析。结果表明，随着再生阶段的增加，材料基质变得更加多孔，基质的空隙/孔洞增加。图 3.6 展示了 PLA/Fe$_3$O$_4$ 复合材料制备原料长丝的显微照片。从孔隙率结果来看，PLA/Fe$_3$O$_4$ 复合材料的孔隙率最低（5%），而样品 4（PLA/Fe$_3$O$_4$ R3）的孔隙率最高（24%）。

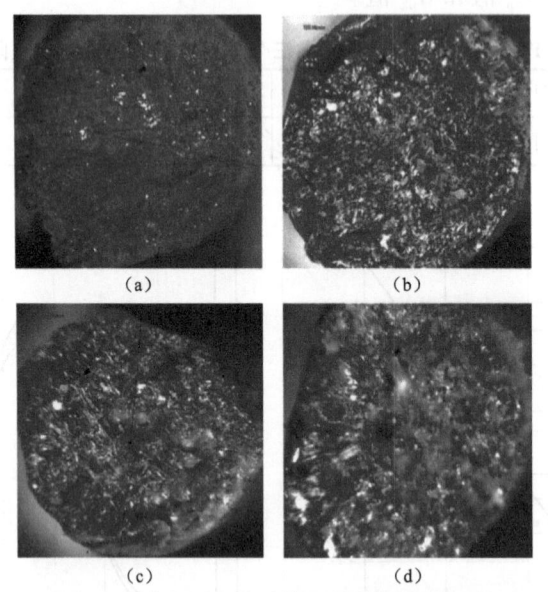

图 3.6　放大 100 倍时的原料长丝显微照片
(a) PLA/Fe$_3$O$_4$ 的孔隙率：5%；(b) PLA/Fe$_3$O$_4$ R1 的孔隙率：9%；
(c) PLA/Fe$_3$O$_4$ R2 的孔隙率：15%；(d) PLA/Fe$_3$O$_4$ R3 的孔隙率：24%

3.4.5　3D 表面渲染与表面粗糙度分析

使用开源 3D 渲染软件进一步分析了工具显微镜的显微照片。通过表面渲染，获得不同原料长丝的 3D 渲染图像和表面粗糙度曲线（见图 3.7）。从表面粗糙度曲线可以看出，孔隙率最小的样品 1 的表面粗糙度最小（Ra 值为 74 nm），而孔隙率大的样品 4 的表面粗糙度最大（Ra 值为 123 nm）。

复合材料	3D渲染图像	表面粗糙度曲线
PLA/Fe$_3$O$_4$		Ra 值：74 nm
PLA/Fe$_3$O$_4$ R1		Ra 值：85 nm
PLA/Fe$_3$O$_4$ R2		Ra 值：96 nm
PLA/Fe$_3$O$_4$ R3		Ra 值：123 nm

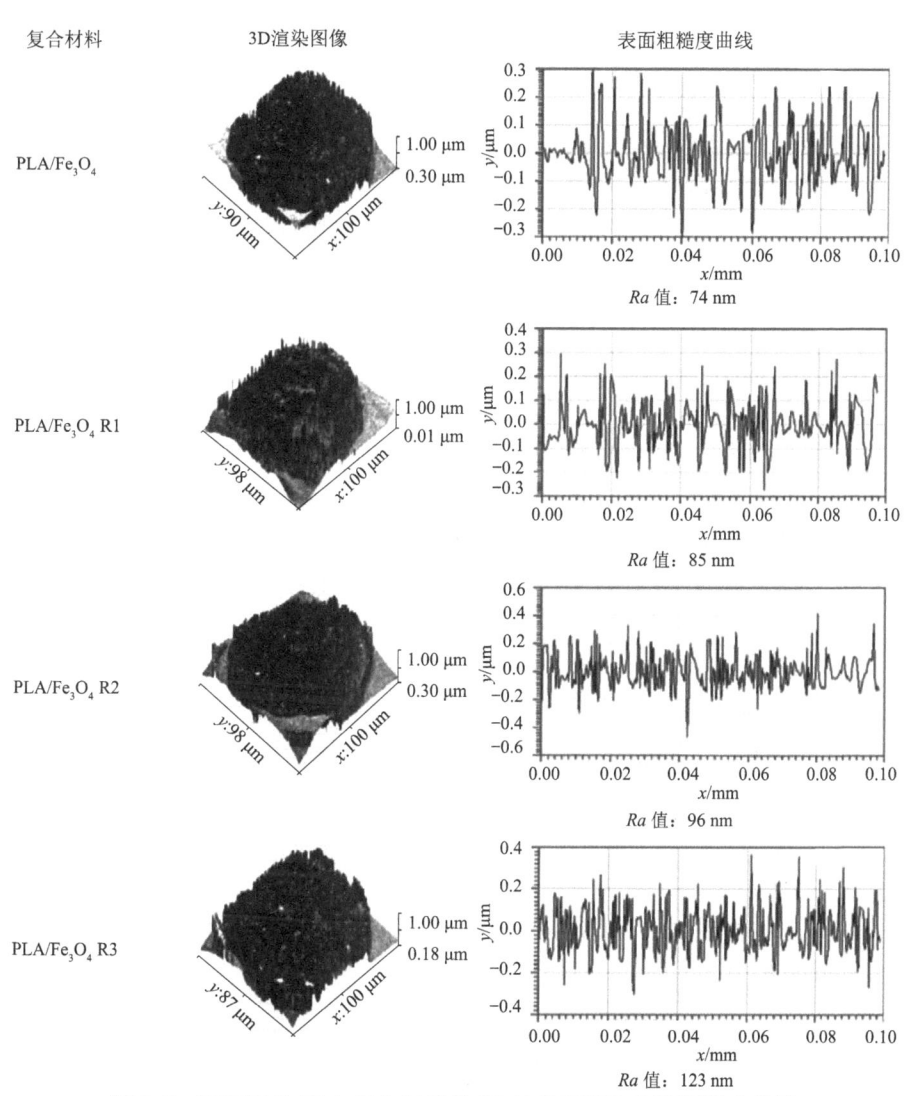

图 3.7　不同再生 PLA 复合材料的 3D 渲染图像和表面粗糙度曲线

3.5　国际研究进展

为了探究过去 20 年来在国际层面上关于利用磁场作为 4D 应用刺激的二次再生 PLA 复合基质的双向编程的研究情况，利用科学网络数据库进行了探索。研究结果显示，关于再生 PLA 复合基质编程的研究相当有限。然而，对于再生 PLA 的重要研究（572 篇文章）自 1999 年已有报道。在科学网核心收集数据库中，设定了术语"5"的最低出现次数，结果在 1 814 个术语中，有 56 个术语达到了这个阈值。在这 56 个术语中，计算出了相关性得分（详见附录1）。最相关的前 60%的术语（34 个）被选为分析对象。基于表 3.A1，图 3.A1 以网络图的形式展示了文献分析结果。根据图 3.A1，对不同节点的研究空白进行了分析（图 3.A2）。表 3.A2 和表 3.A3 分别展示了有关再生 PLA 的重要研究成果和按年份排序的出版详情，供日后参考。

3.6 总　　结

在实验室规模上，成功开发了用 Fe_3O_4 粉末增强的再生 PLA 复合材料的原料长丝，适用于三个再生阶段。这种原料的应用目标是利用磁场作为外部刺激，通过双向编程方法实现自组装特性。目前的研究观察结果如下。

（1）力学性能测试显示，随着再生阶段的增加，增强基质的材料强度有所下降，但下降率相对较低。在第三阶段再生中，仅观察到强度下降了22%。

（2）VSM 分析结果指出，由于再挤压温度远低于增强材料的居里温度，因此，再循环阶段并未影响材料基质的磁性能。

（3）工具显微镜和 3D 渲染软件观察到的更多表面特征支持了观察到的力学性能趋势。

（4）工艺的统计控制测试表明，PLA 复合材料的磁化在再生阶段是稳定且可重复的。

（5）由于磁化的 C_p 和 C_{pk} 值大于 1，因此，开发的原料长丝具有可重复的双向编程能力。

附　录　1

见表 3.A1~表 3.A3，以及图 3.A1 和图 3.A2。

表 3.A1　再生 PLA 关键字出现次数的相关性得分

序号	术语	出现次数	相关性得分
1	3D printing（3D 打印）	6	2.204 3
2	Bio（生物）	15	0.461 9
3	Biodegradability（生物性降解）	9	1.175 2

第 3 章　利用磁场激励再生聚乳酸复合基质双向编程

续表

序号	术语	出现次数	相关性得分
4	Chain extender（扩链剂）	7	1.151 6
5	Characterization（表征）	22	0.772 3
6	Chemical recycling（化学再生）	11	0.711 5
7	Circular economy（循环经济）	7	0.623 6
8	Comparison（比较）	6	1.341 4
9	Degradation（降解）	30	0.325 5
10	Depolymerization（解聚）	6	0.798 5
11	Design（设计）	13	1.140 3
12	Development（开发）	11	0.950 7
13	End（末端）	10	0.869 1
14	Filament（纤维）	14	2.176 0
15	Hydrolysis（水解）	10	0.528 7
16	L lactide（内酰胺）	12	0.753 3
17	Lactide（内酯）	12	0.676 7
18	Life cycle assessment（生命周期评估）	12	0.874 3
19	Life poly（生命聚合物）	6	1.014 5
20	Mechanical（力学的）	13	2.092
21	Mechanical properties（力学性能）	7	2.290 7
22	Performance（性能）	13	0.729 3
23	Pet（聚酯）	11	0.326 1
24	Phospholipase（磷脂酶）	11	0
25	PLA composite（PLA 复合材料）	9	1.742
26	Plastic（塑料）	21	0.399 5
27	Polyester（聚酯）	10	0.630 8
28	Polymer（聚合物）	12	0.474 1
29	Preparation（制备）	16	1.102 1
30	Product（产品）	9	0.903 5

续表

序号	术语	出现次数	相关性得分
31	Production（生产）	21	0.653 3
32	Properties（性能）	21	1.890 8
33	Recycled poly（再生聚合物）	11	1.426 6
34	Use（用途）	12	0.789 8

表3.A2　从事再生PLA生产的国家或地区数据库（根据网络科学数据库）

国家或地区	记录数目	1999—2021年的重要研究报告（占572项研究的百分比）
中国	98	17.133
美国	74	12.937
西班牙	69	12.063
意大利	44	7.692
德国	34	5.944
日本	33	5.769
英国	26	4.545
法国	26	4.545
泰国	25	4.371
印度	24	4.196
波兰	24	4.196
马来西亚	20	3.497
中国台湾地区	20	3.497
加拿大	19	3.322
瑞典	18	3.147
巴西	17	2.972
荷兰	13	2.273
韩国	12	2.098
比利时	10	1.748

续表

国家或地区	记录数目	1999—2021年的重要研究报告（占572项研究的百分比）
土耳其	9	1.573
捷克	8	1.399
伊朗	8	1.399
葡萄牙	8	1.399
芬兰	7	1.224
匈牙利	7	1.224
显示68个条目中的25个		
1条记录（0.175%）不包含所分析字段中的数据		

表3.A3　Web of Science核心合集中的年度出版物

出版年份	记录数	1999—2021年的重要研究报告（占572项研究的百分比）
2019	89	15.559
2020	89	15.559
2018	70	12.238
2021	50	8.741
2014	41	7.168
2016	40	6.993
2015	34	5.944
2017	29	5.07
2009	20	3.497
2012	20	3.497
2011	17	2.972
2010	16	2.797
2013	15	2.622
2008	10	1.748

续表

出版年份	记录数	1999—2021 年的重要研究报告 （占 572 项研究的百分比）
2006	7	1.224
2005	6	1.049
2007	5	0.874
2001	4	0.699
2003	3	0.524
1999	2	0.350
2000	2	0.350
2002	2	0.350
2004	1	0.175

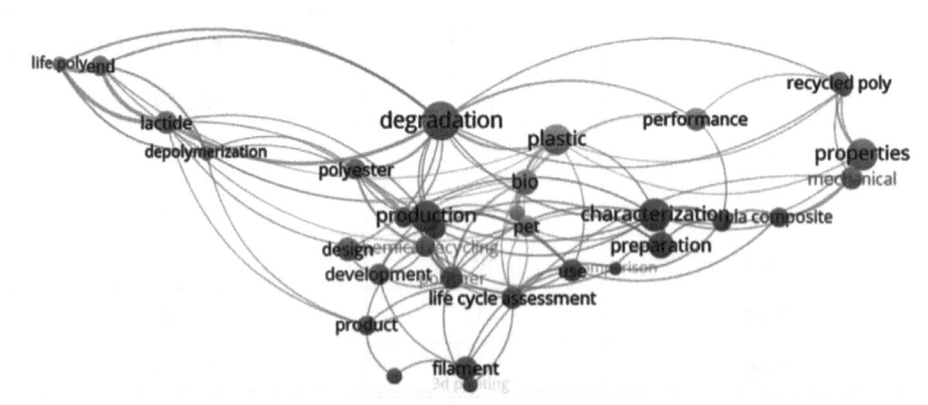

图 3.A1　有关再生 PLA 关键词的文献分析

(a)

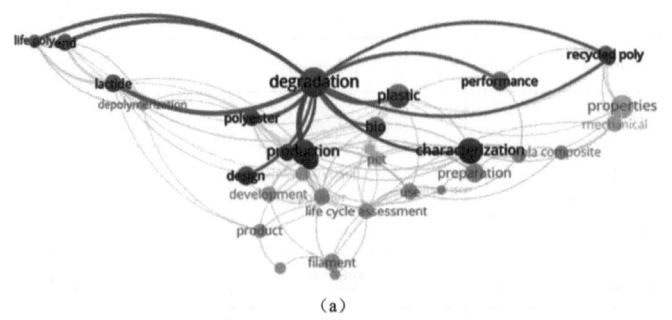

图 3.A2　再生 PLA 关键词的研究空白分析
(a) 不同再生热塑性塑料的文献关系

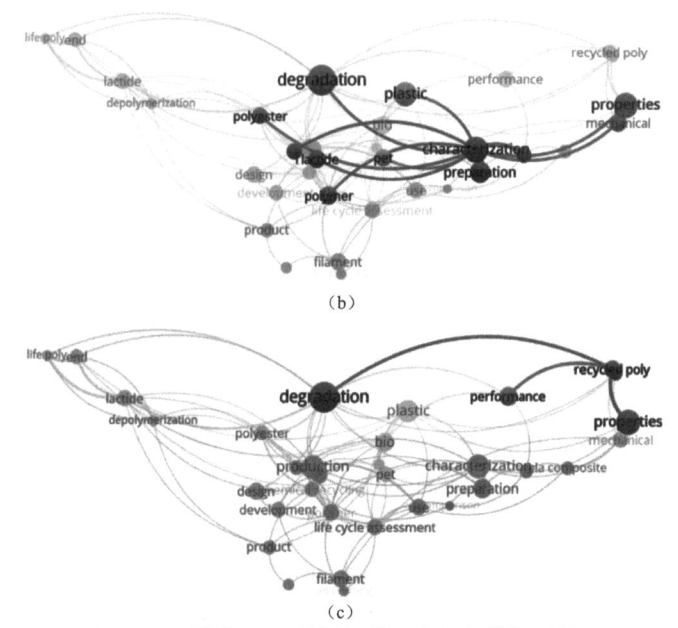

第3章 利用磁场激励再生聚乳酸复合基质双向编程

图 3.A2 再生 PLA 关键词的研究空白分析（续）

（b）热塑性塑料特征和性能的文献关系；（c）有关降解、性能和再生特性的生物文献关系

参 考 文 献

［1］ Pei E. 4D printing：dawn of an emerging technology cycle. Assembly Automation 2014，34（4）：310-314.

［2］ Tibbits S. 4D printing：multi-material shape change. Architectural Design 2014，84（1）：116-121.

［3］ Pei E. 4D printing-revolution or fad？Assembly Automation 2014，34（2）：123-127.

［4］ Dong Y，Toyao H，Itoh T. Compact circularly-polarized patch antenna loaded with metamaterial structures. IEEE Transactions on Antennas and Propagation 2011，59（11）：4329-4333.

［5］ Alves F，Grbovic D，Kearney B，Lavrik NV，Karunasiri G. Bi-material terahertz sensors using metamaterial structures. Optics Express 2013，21（11）：13256-13271.

［6］ Ding J，Arigong B，Ren H，Zhou M，Shao J，Lu M，et al. Tuneable complementary metamaterial structures based on graphene for single and multiple transparency windows. Scientific Reports 2014, 4 (1): 1-7.

[7] Lu M, Li W, Brown ER. Second-order bandpass terahertz filter achieved by multilayer complementary metamaterial structures. Optics Letters 2011, 36 (7): 1071-1073.

[8] Amorim DJ, Nachtigall T, Alonso MB. Exploring mechanical meta-material structures through personalised shoe sole design. In: Proceedings of the ACM symposium on computational fabrication, Jun 16, 2019: 1-8.

[9] Tibbits S. The emergence of "4D printing". In: TED Talk, Feb 2013.

[10] Kumar PK, Lagoudas DC. Introduction to shape memory alloys. Shape memory alloys. Boston, MA: Springer; 2008. p. 1-51.

[11] O'Handley Rorbert C. Model for strain and magnetization in magnetic shape-memory alloys. Journal of Applied Physics 1998, 83 (6): 3263-3270.

[12] Sun L, Huang WM. Nature of the multistage transformation in shape memory alloys upon heating. Metal Science and Heat Treatment 2009, 51 (11-12): 573.

[13] Jani JM, Leary M, Subic A, Gibson MA. A review of shape memory alloy research, applications and opportunities. Materials & Design (1980—2015) 2014, 56: 1078-1113.

[14] Kumar S, Singh R, Batish A, Singh TP. Additive manufacturing of smart materials exhibiting 4-D properties: a state of art review. Journal of Thermoplastic Composite Materials 2019. Available from: https://doi.org/10.1177/0892705719895052.

[15] Buehler WJ, Wang FE. A summary of recent research on the nitinol alloys and their potential application in ocean engineering. Ocean Engineering 1968, 1 (1): 105-120.

[16] Zafar MQ, Zhao H. 4D printing: future insight in additive manufacturing. Metals and Materials International 2019; 1-22.

[17] Tellinen J, Suorsa I, Jääskeläinen A, Aaltio I, Ullakko K. Basic properties of magnetic shape memory actuators. In: 8th international conference actuator, Jun 10, 2002. p. 566-569.

[18] Stoeckel D, Pelton A, Duerig T. Self-expanding nitinol stents: material and design considerations. European Radiology 2004, 14 (2): 292-301.

[19] Mewissen MW. Self-expanding nitinol stents in the femoropopliteal segment: technique and mid-term results. Techniques in Vascular and Interventional Radiology 2004, 7 (1): 2-5.

第4章

3D打印石墨烯增强聚偏二氟乙烯复合材料的压电特性

Vinay Kumar[1,2], Rupinder Singh[3], I. P. S. Ahuja[2]

1 印度，卢迪亚纳，古鲁·纳纳克·德夫工程学院生产工程系
2 印度，伯蒂亚拉，旁遮普大学机械工程系
3 印度，昌迪加尔，国立技术教师培训与研究学院机械工程系

4.1 引　言

FDM的增材制造技术在过去的二十年里备受青睐，这是因为在工程和医疗应用中，其材料质量、产品效果、生产成本及产品耐用性都有显著的改善。形状记忆聚合物、电活性聚合物，以及单向或双向可编程聚合物的出现，开启了聚合物3D打印向4D打印转变的新篇章。一些研究者对由高弹性聚合物构成的弹性体进行了研究，探讨了3D打印原型在自折叠应用中的4D打印的可能性[1]。除此之外，还有研究称，具有4D特性的智能支架可以将形状记忆聚合物应用到生物医学植入物中[2]。根据关于智能聚合物和纳米复合材料的综述文献，与组织工程、仿生、民用基础设施、折纸等4D打印应用能力相关的研究仍在持续深化[3,4]。近期，一些4D打印的研究涉及电刺激控制的聚乳酸聚合物基复合材料和热刺激控制的甲基丙烯酸酯聚合物，这些研究为生产具有智能特性的工业产品提供了支持。具有热响应和电响应特性的聚合物被视作极其有用的3D/4D打印材料，用于开发自主激活的产品[5,6]。聚偏二氟乙烯（polyvinglidene fluoride，PVDF）是一种热塑性塑料，被广泛用于基于3D打印的4D应用研究中，在其纳米复合材料基质中观察到了与导电性相关的特性[7-9]。图4.1展示了研究人员对各种材料的4D特性进行研究的主要关键词，如可调谐聚合物、储能半导体和传感器、可变波长信号调制解调器等。

4D 打印基本原理与应用

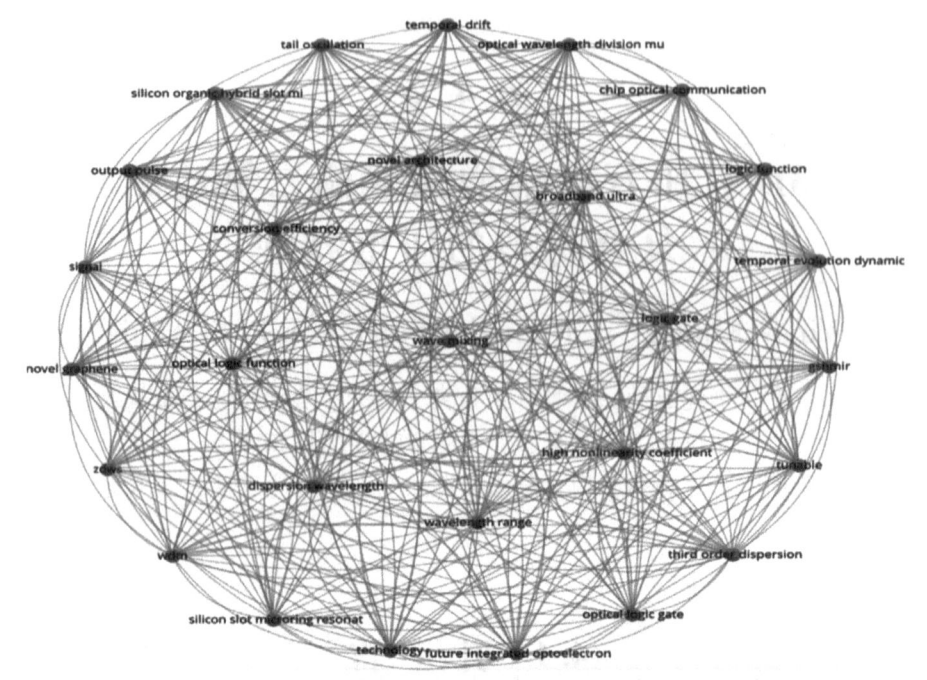

图 4.1 基于 Scopus 数据库的研究 4D 打印应用的关键术语网络

如图 4.1 所示，研究者对各种材料及其组合的 4D 特性进行了大量研究。一些研究者研究了 3D 打印共聚物传感器、用于纳米发电机的石墨烯增强复合材料、智能三元共聚物复合材料及以 PVDF 为基材的电活性结构材料[10-13]。表 4.1 列出了与描述各种材料 4D 特性最相关的术语。

表 4.1 用于研究材料 4D 特性的术语列表及其各自的相关性得分

序号	术语	出现次数	相关性得分
1	Actuator application（执行器应用）	1	1.042 2
2	Case study（案例研究）	1	0.757 4
3	Clockwise relay operator（顺时针方向继电器操作）	1	1.042 2
4	Conceptual design（概念设计）	1	0.757 4
5	Constant heat source（恒定热源）	1	0.757 4
6	Electrical energy（电能）	1	0.757 4
7	Electrode system（电极系统）	1	1.400 5
8	Energy storage system（储能系统）	1	1.400 5

第4章 3D打印石墨烯增强聚偏二氟乙烯复合材料的压电特性

续表

序号	术语	出现次数	相关性得分
9	Enhanced super-capacitive performance（增强的超电容性能）	1	1.400 5
10	Feed-forward inverse compensation（前馈向补偿）	1	1.042 2
11	Energy harvester（能量收集器）	1	0.757 4
12	Harvester output characteristic（收集器输出特性）	1	0.757 4
13	High specific capacitance（高比电容）	1	1.400 5
14	Hysteresis compensation（磁滞补偿）	1	1.042 2
15	Hysteresis model（磁滞模型）	1	1.042 2
16	Hysteresis nonlinearity（滞后非线性）	1	1.042 2
17	Inverse compensator（反向补偿器）	1	1.042 2
18	Low cost chemical method（低成本化学方法）	1	1.400 5
19	Mathematical model（数学模型）	1	0.757 4
20	Mechanical subsystem（机械子系统）	1	0.757 4
21	Mesoporous structure（介孔结构）	1	1.400 5
22	Model complexity（模型复杂度）	1	1.042 2
23	Model identification（模型辨识）	1	1.042 2
24	Nano graphene（纳米石墨烯）	1	1.400 5
25	Nanostructure phases（纳米结构相）	2	0.866 5
26	Nanostructured material（纳米结构材料）	1	1.400 5
27	Natural frequency（固有频率）	1	0.757 4
28	Numerical implementation（数值实现）	1	1.042 2
29	Numerical solution（数值解）	1	0.757 4
30	Order and parameter of molecules（分子的顺序和参数）	1	1.042 2
31	Physiochemical technique（物理化学技术）	1	1.400 5
32	Piezoelectric flexible cantilever beam（压电柔性悬臂梁）	1	0.757 4
33	Reduced dimensional array（降维数组）	1	1.042 2

续表

序号	术语	出现次数	相关性得分
34	Renewable energy storage system（可再生能源存储系统）	1	1.400 5
35	Selection mechanism（筛选机制）	1	1.042 2
36	Shape memory alloy hysteretic behavior（形状记忆合金的滞后行为）	1	0.757 4
37	Shape memory alloy wire（形状记忆合金丝）	1	0.757 4
38	Simulation study（仿真研究）	1	1.042 2
39	Smart technology device（智能技术设备）	1	1.400 5
40	Specific surface area（比表面积）	1	1.400 5
41	Structure（结构）	5	0.802 0
42	Superior electrode（优质电极）	1	1.400 5
43	Synthesized Zn powder（合成锌粉）	1	1.400 5
44	Temperature time behavior（温度时间行为）	1	0.757 4
45	Thermal energy harvester（热能收集器）	1	0.757 4
46	Thermal subsystem（热子系统）	1	0.757 4
47	Vibrating action（振动操作）	1	0.757 4

观察显示，在近期进行的实验研究中，将纳米粒子增强材料（如石墨烯、掺杂锰的氧化锌和钛酸钡）与聚合物混合物一起使用，有助于提升复合材料的4D特性。这些研究成果为自组装、功能分级和生物兼容材料的4D打印应用铺平了道路，这些应用都结合了3D打印技术[14-21]。图4.2展示了与石墨烯4D打印研究相关的各种研究术语。

因此，需要对像PVDF这样的热塑性材料进行一些基于化学辅助机械混合技术的研究，因为这种材料具有相变能力（如在刺激下将α相变为β相或相反），从而在4D应用领域取得更好的效果。

4.2 研究空白和问题构建

文献综述表明，有关PVDF及其复合材料在现代工程和医疗应用中的研究，如生物医学传感器的制造、磁性结构、纳米复合材料储能装置等，已经取得了许多有用的成果。图4.3展示了PVDF在智能技术设备、介孔结构、

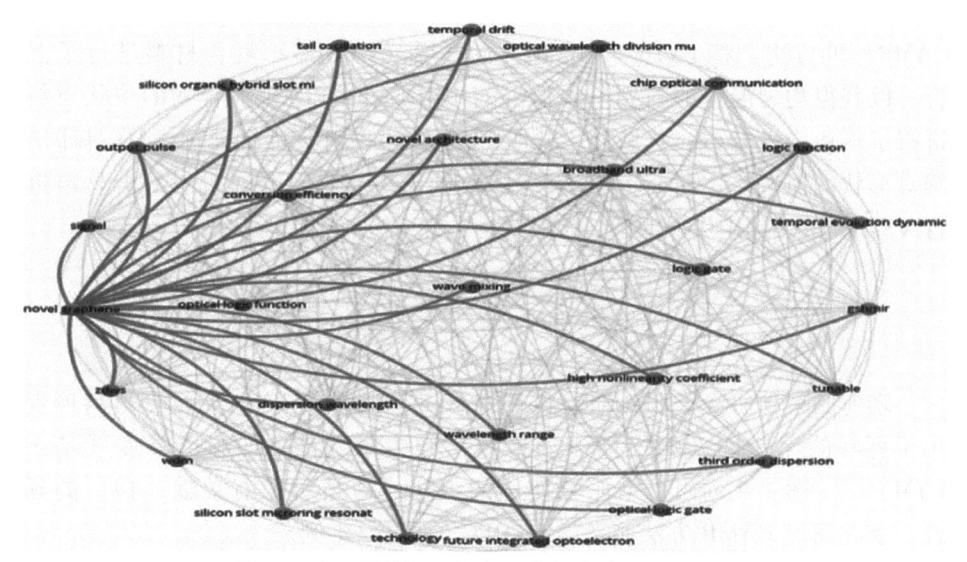

第 4 章　3D 打印石墨烯增强聚偏二氟乙烯复合材料的压电特性

图 4.2　与石墨烯 4D 打印研究相关的研究关键词

纳米结构材料和高电容设备方面的应用特性，过去已经有很多研究者对此进行了深入探讨。然而，至今很少有研究将 PVDF 与具有高导电性和优良磁性（如石墨烯）的纳米粒子化学混合，以制备具有 4D 性能的智能复合材料，进而开发出用于 3D 打印应用的低成本自制材料。

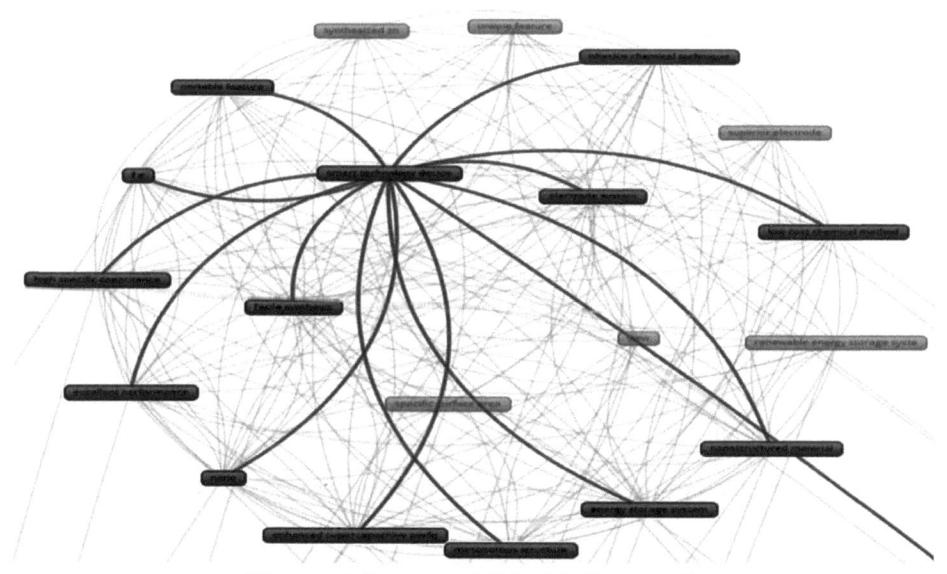

图 4.3　有关 PVDF 非常规应用的研究工作

本研究采用了化学辅助机械混合（chemical-assisted mechanical blended，CAMB）的方法，将 PVDF 与 PVDF-石墨烯（PVDFG）复合材料进行了混合，以获得均匀混合的材料。本研究对 PVDF 和 PVDFG 混合物的块状材料进行了热稳定性分析，然后使用开源 FDM 打印机对其进行处理，3D 打印出圆盘形状的原型。本研究考察了 PVDFG 的压电特性，并通过对复合材料进行 VSM 测试，确定了其具有 4D 性能。

4.3 实　　验

之前的一项研究表明，通过机械混合工艺制备的 PVDFG 复合材料展现出了更好的流变性（如熔体流动指数）和力学性能，如峰值强度（基于 UTM）[14]。图 4.4 列出了本研究使用的方法，这是对之前文献 [14] 的延伸，旨在研究 CAMB 方法制备的 PVDFG 的成分/比例。

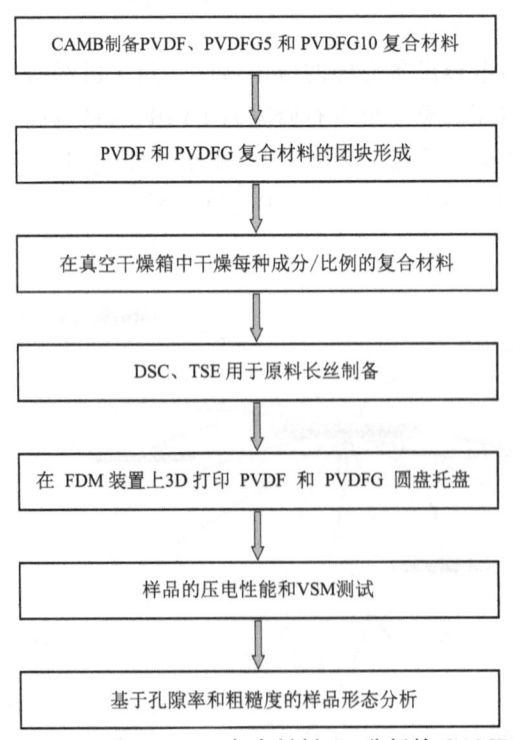

图 4.4　PVDF 和 PVDFG 复合材料 4D 分析的 CAMB 方法

4.3.1 PVDFG 复合材料的 CAMB 过程

从当地市场购买 PVDF 聚合物颗粒、石墨烯纳米颗粒和 N,N-二甲基甲酰胺（N,N-dimethyl formamide，DMF）化学溶剂。首先，将 PVDF 用 DMF 处理，以确定化学溶剂与 PVDF 聚合物的反应性。在 45 ℃下搅拌 PVDF 浆料 6 h 后，PVDF 形成了松散的块状。用同样的步骤制备含有 5%和 10%石墨烯的 PVDFG5 和 PVDFG10 复合材料。图 4.5 展示了原始形态的 PVDF 颗粒、用于 CAMB 的石墨烯纳米颗粒，以及在 DMF 溶剂存在下通过 CAMB 在玻璃烧杯中制备的 PVDFG 复合材料混合物。

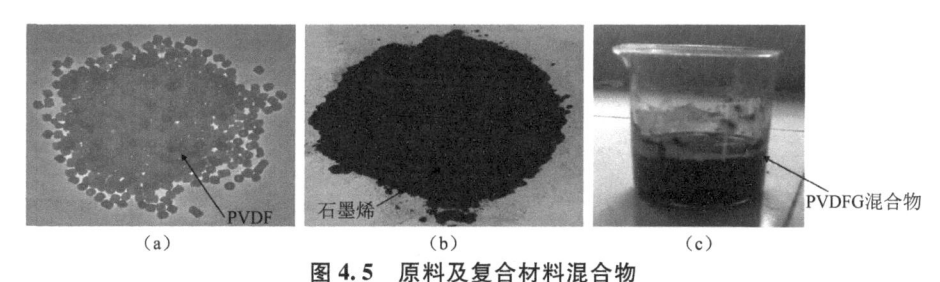

图 4.5 原料及复合材料混合物
(a) PVDF 颗粒；(b) 石墨烯颗粒；(c) 使用 DMF 溶剂通过 CAMB 制备的 PVDFG 复合材料混合物

然后使用差示扫描量热法（differential scanning calorimetric，DSC）对制备的 PVDF 和 PVDFG 进行热表征和稳定性研究。图 4.6 展示了每种成分/比例的 DSC 结果。所有样品都经过了两次加热和冷却循环，温度从 30 ℃到 230 ℃。研究发现每种成分都具有热稳定性，而且随着石墨烯颗粒的增加，PVDF 和 PVDFG 的热容也发生了递增变化。

4.3.2 双螺杆挤出机和 PVDFG 的 3D 打印

将 PVDF 和 PVDFG 复合材料的松散块状物在 40 ℃的真空干燥箱中加热 2 h，得到每种成分的干燥块状物。然后将块状物切碎，在 TSE 中加工混合物，如图 4.7（a）所示。使用 TSE 制备出用于 FDM 3D 打印机的 PVDFG 复合材料原料长丝，如图 4.7（b）所示。在 195 ℃的温度下，在 TSE 中加工 PVDFG 复合材料，施加扭矩为 0.2 N·m，自重为 10 kg。图 4.7（c）还突出展示了使用 PVDFG 长丝制造的 3D 打印部件。

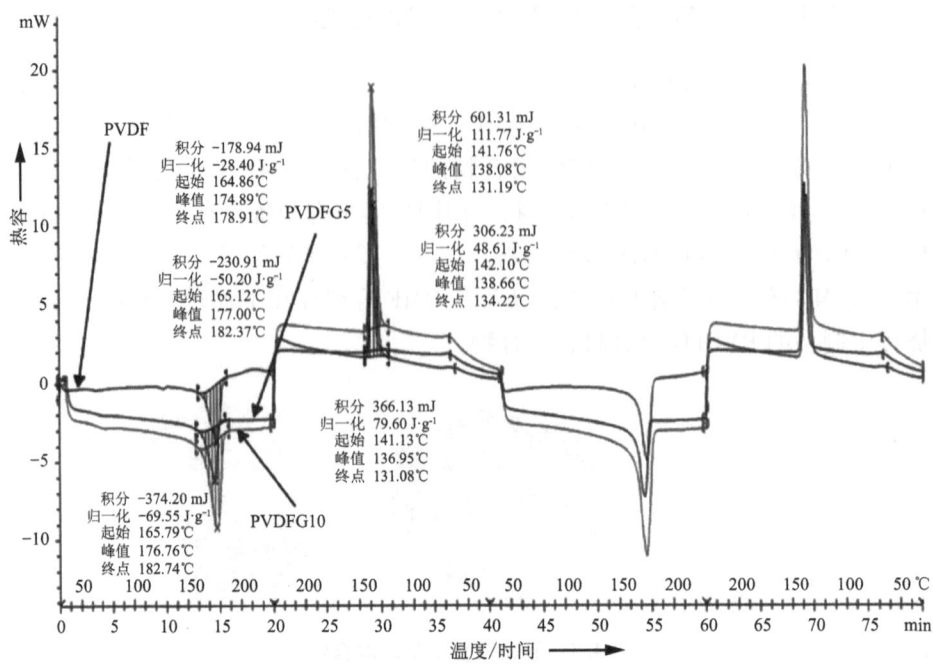

图 4.6　CAMB 制备 PVDF 和 PVDFG 复合材料的 DSC 结果（附彩图）

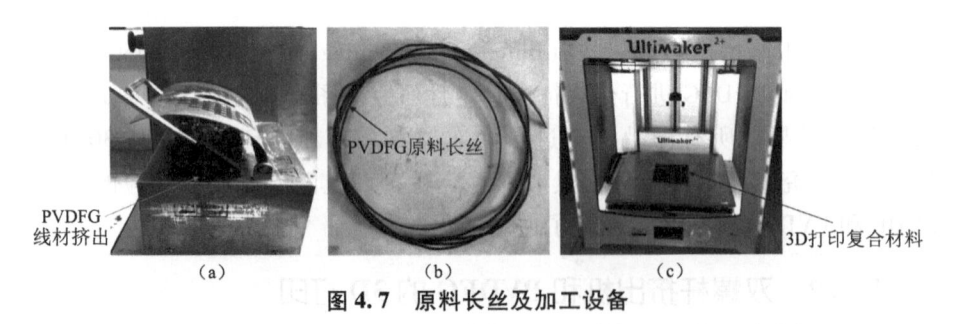

图 4.7　原料长丝及加工设备
(a) 双螺杆挤出机；(b) PVDFG 原料长丝；(c) 基于 FDM 的 3D 打印机

4.3.3　压电测试

使用旋转抛光研磨机对 PVDF、PVDFG5 和 PVDFG10 的 3D 打印原型进行均匀抛光。所有样品的抛光表面都在 5 kV 容量的直流抛光装置上抛光了 3 h，并记录了介电常数 D_{33}，用于表示压电特性。图 4.8 展示了样品的抛光装置，5 kV 极化单元（输入类型：直流）和 D_{33} 测量仪。

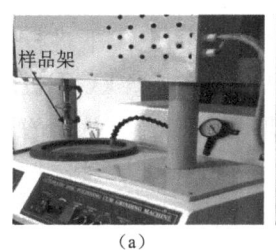

图 4.8 压电测试设备
(a) 气动盘抛光装置；(b) 5 kV 直流极化单元；(c) D_{33} 测量仪

4.3.4 振动样品的磁力分析

使用 VSM 分析 PVDFG5 和 PVDFG10 的磁性能。这两种材料具有导电性和磁性，其中包含的石墨烯颗粒在 PVDFG 复合材料中诱发出基于磁场刺激的 4D 特性。在 1T（即 10^4 Gs）的磁场下，记录下样品的磁化和退磁过程。

4.4 结果与讨论

4.4.1 热、压电和振动样品的磁力分析

表 4.2 列出了热测试（DSC）、压电特性（直流极化和 D_{33} 效应）和基于 VSM 的磁特性的结果。

表 4.2 PVDF 和 PVDFG 复合材料的 3D/4D 性能结果

序号	材料	热容/($J \cdot g^{-1}$)	极限和持续时间	D_{33}/($pC \cdot N^{-1}$)	磁化率/($emu \cdot g^{-1}$)
1	PVDF	28.40	1.5 kV, 2 h	0.3	0
2	PVDFG5	50.20	2.53 kV, 3 h	14.2	$0.021\ 6 \times 10^{-5}$
3	PVDFG10	69.55	4.5 kV, 3 h	47.6	$0.085\ 3 \times 10^{-5}$

表 4.2 中的结果显示，加入纳米石墨烯后，PVDF 的热容显著提高，而且不会对基础聚合物基质的热稳定性产生影响。与 PVDF 的 28.40 $J \cdot g^{-1}$ 的热容相比，复合物 PVDFG10 的热容量最高，可以达到 69.55 $J \cdot g^{-1}$。PVDF 样品能够在 1.5 kV 的电压下进行 2 h 的直流极化。超过这个极限后，所使用

的 PVDF 材质无法承受更高的电场，因为 3D 打印样品中会出现电荷泄漏，设备会显示过载信号。另外，PVDFG 复合材料能够在更大的电压下进行更长时间的极化。观察到 3D 打印的 PVDFG10 圆盘样品能够在 4.5 kV 下极化 3 h。随着石墨烯纳米颗粒在 PVDF 中的质量百分比增加，聚合物基质的压电特性显著提高。此外，PVDF 的 D_{33} 也得到改善，PVDFG10 复合材料的 D_{33} 值为 47.6 pC·N^{-1}，远超过 PVDF 的 0.3 pC·N^{-1}。图 4.9 中的示意图可以帮助理解压电特性的物理含义。

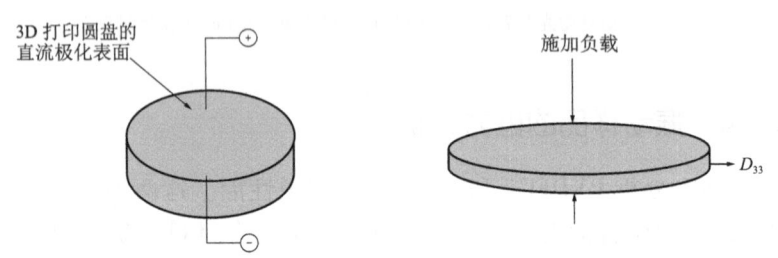

图 4.9　3D 打印 PVDF/PVDFG 复合材料的压电特性示意图

通过对 3D 打印圆盘样品施加外部电场使其表面带电，然后在样品上施加高频负载，通过 D_{33} 观察 3 个方向的体积变化。可以说，通过化学方法混合高导电性石墨烯颗粒可以提高 PVDF 的导电性。电荷可以作为一种刺激，诱导复合材料中的 β 相，施加外部负载可以在 PVDFG 复合材料中产生 4D 特性。PVDFG 复合材料还具有磁响应性，图 4.10 的磁化图明确显示了 PVDFG 样品的显著磁响应。PVDFG10 的磁化率为 0.085 3×10^{-5} emu·g^{-1}，在各种成分中最优。本研究提出的 PVDFG 可以用作具有自发磁特性的 4D 磁传感器和致动器材料。这种复合材料可以用作自收缩和自膨胀材料，通过输入电场来修复和填补民用建筑中的裂缝。

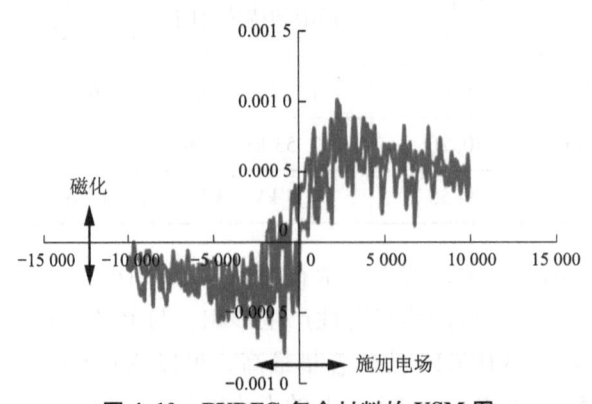

图 4.10　PVDFG 复合材料的 VSM 图

4.4.2 形态学分析

图 4.11 展示了 PVDF 和 PVDFG 复合线材在工具显微镜下的形态学结果。图 4.11 的 (a)、(b)、(c) 分别代表了 PVDF、PVDFG5 和 PVDGG10 线材沿径向轴（表 4.2）的横截面图，放大倍数为 100。根据 ASTM B 276，使用冶金图像分析软件计算孔隙率（图 4.11 的 (d)、(e)、(f) 分别对应 PVDF、PVDFG5、PVDFG10）。PVDF（无增强）的孔隙率高达 21.04%。而 PVDFG5 和 PVDFG10 的形态特性有所改善，孔隙率分别降低为 14.56% 和 9.79%。进一步使用开源图像处理工具获取了与图 4.11 的 (a)、(b)、(c) 对应的 3D 渲染图像（图 4.11 的 (g)、(h)、(i) 分别对应 PVDF、PVDFG5、PVDFG10）。图 4.11 的 (j)、(k)、(l) 分别展示了 PVDF、PVDFG5、PVDFG10 的表面纹理、波浪度和粗糙度图。图 4.11 (m)~(o) 显示了截断长度为 0.05 mm 时的相应表面粗糙度值。图 4.11 的 (m)、(n)、(o) 分别展示了 PVDF、PVDFG5、PVDFG10 在锯断长度为 0.05 mm 时的表面粗糙度值，可以看出，表面粗糙度分别为 89.2 nm、51.39 nm 和 50.44 nm，这说明 PVDFG10 复合材料具有更优秀的表面特性。此外，还绘制了 PVDF、PVDFG5 和 PVDFG10 复合材料的峰值计数图（图 4.11 的 (p)、(q)、(r)）、振幅分布函数图（图 4.11 的 (s)、(t)、(u)）和承载比曲线图（图 4.11 的 (v)、(w)、(x)），这些都与表面粗糙度的观测结果相吻合。

4.5 总　　结

（1）本研究得出的结论是 PVDFG 复合材料可以被认为是一种可应用于 4D 打印的 3D 打印智能材料。经过 CAMB 工艺制造 3D 打印机原料长丝后，PVDFG10 在热容（69.55 J·g^{-1}）上表现出了可接受的热稳定性。PVDFG 复合材料展现出了可接受的压电特性，这有益于提高 PVDF 在制造具有 4D 功能的 3D 打印传感器和致动器方面的工业应用。

（2）PDVFG10 复合材料的 D_{33} 值为 47.6 pC·N^{-1}，这表明在这种复合材料中进行放电可以引发显著的物理变化。

（3）VSM 测试结果显示，PVDFG10 可以应用于机器人磁传感器中。通过施加 1T 磁场，该复合材料的磁化率可以达到 0.085 3×10^{-5} emu·g^{-1}。PVDFG 的退磁能力显示了复合材料的 4D 特性。

（4）形态学结果也支持了这些研究成果，因为在 PVDFG10（9.79%）复合材料中，观察到的孔隙率非常低。这表明可以制造出更优秀的 3D 打印

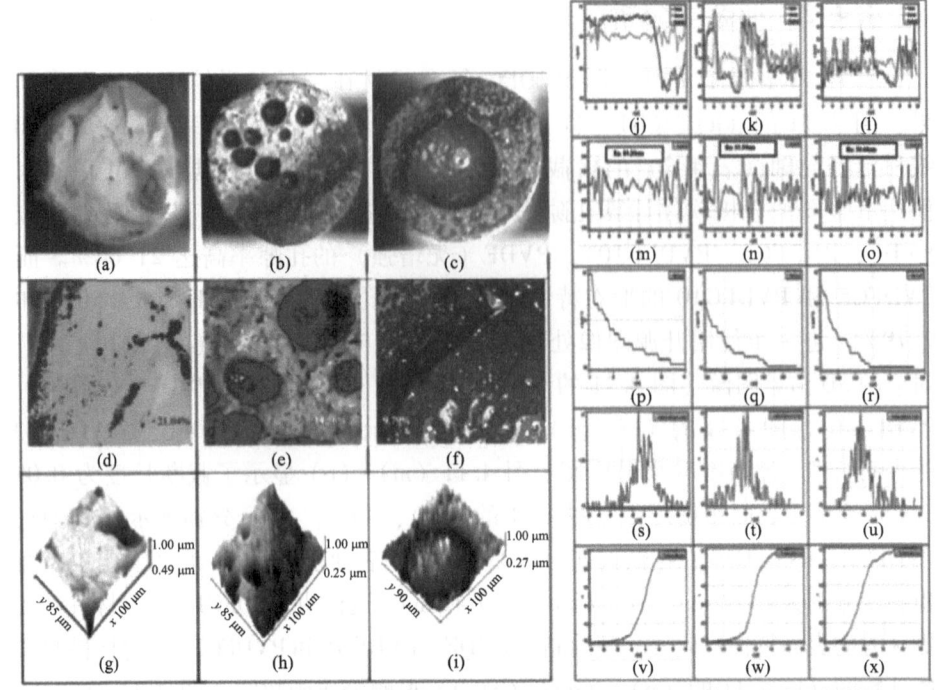

图 4.11 PVDF、PVDFG5 和 PVDFG10 复合线材样品沿径向轴的工具显微镜和孔隙率百分比图像及表面粗糙度分析

复合材料，以进一步探索该材料的 4D 应用。

具备 4D 特性的 3D 打印 PVDFG 复合材料可以用于开发具有自收缩和自膨胀特性的定制解决方案，以使结构中的裂缝自我修复。定制解决方案的兼容性可以通过在解决方案中添加或混合碎屑来实现，以提高基础材料和 3D 打印复合材料的结合力。

致　　谢

作者感谢印度政府科学和技术部（Department of Science and Technology, DST）在研究项目（文件号：DST/TDT/SHRI-35/2018）中提供的资金支持，以及卢迪亚纳 GNDEC 制造研究实验室提供的实验室设施和支持。

参 考 文 献

[1] Yamamura S, Iwase E. Hybrid hinge structure with elastic hinge on self-folding

[1] of 4D printing using a fused deposition modeling 3D printer. Materials & Design 2021; 109605.

[2] Zhang C, Cai D, Liao P, Su JW, Deng H, Vardhanabhuti B, et al. 4D Printing of shape-memory polymeric scaffolds for adaptive biomedical implantation. Acta Biomaterialia 2021, 122: 101-110.

[3] Falahati M, Ahmadvand P, Safaee S, Chang YC, Lyu Z, Chen R, et al. Smart polymers and nanocomposites for 3D and 4D printing. Materials Today 2020.

[4] Subash A, Kandasubramanian B. 4D printing of shape memory polymers. European Polymer Journal 2020; 109771.

[5] Shao LH, Zhao B, Zhang Q, Xing Y, Zhang K. 4D printing composite with electrically controlled local deformation. Extreme Mechanics Letters 2020, 39: 100793.

[6] Han M, Yang Y, Li L. Energy consumption modeling of 4D printing thermal-responsive polymers with integrated compositional design for material. Additive Manufacturing 2020, 34: 101223.

[7] Kumar R, Singh R, Singh M, Kumar P. On ZnO nano particle reinforced PVDF composite materials for 3D printing of biomedical sensors. Journal of Manufacturing Processes 2020, 60: 268-282.

[8] Kumar R, Kumar P. Co doped ZnO nanoparticles reinforcements in PVDF for 3D printing of magnetic structures. Reference module in materials science and materials engineering. Elsevier; 2020.

[9] Kim H, Johnson J, Chavez LA, Rosales CAG, Tseng TLB, Lin Y. Enhanced dielectric properties of three phase dielectric MWCNTs/BaTiO$_3$/PVDF nanocomposites for energy storage using fused deposition modeling 3D printing. Ceramics International 2018, 44 (8): 9037-9044.

[10] Marandi M, Tarbutton J. Additive manufacturing of single-and double-layer piezoelectric PVDF-TrFE copolymer sensors. Procedia Manufacturing 2019, 34: 666-671.

[11] Badatya S, Kumar A, Sharma C, Srivastava AK, Chaurasia JP, Gupta MK. Transparent flexible graphene quantum dot- (PVDF-HFP) piezoelectric nanogenera-tor. Materials Letters 2021; 129493.

[12] Tuluk A, Mahon T, van der Zwaag S, Groen P. Estimating the true piezoelectric properties of BiFeO$_3$ from measurements on BiFeO$_3$-PVDF terpolymer

composites. Journal of Alloys and Compounds 2021; 159186.

[13] Ribeiro C, Costa CM, Correia DM, Nunes-Pereira J, Oliveira J, Martins P, et al. Electroactive poly (vinylidene fluoride)-based structures for advanced applications. Nature protocols 2018, 13 (4): 681.

[14] Kumar V, Singh R, Ahuja IPS, et al. On nanographene-reinforced polyvinylidene fluoride composite matrix for 4D applications. Journal of Materials Engineering and Performance 2021. Available from: https://doi.org/10.1007/s11665-021-05459-z.

[15] Kumar V, Singh R, Ahuja IPS. Secondary recycled acrylonitrile-butadiene-styrene and graphene composite for 3D/4D applications: rheological, thermal, magnetometric, and mechanical analyses. Journal of Thermoplastic Composite Materials 2020. p. 0892705720925114.

[16] Kumar R, Singh R, Kumar V, Kumar P. On Mn doped ZnO nano particles reinforced in PVDF matrix for fused filament fabrication: mechanical, thermal, morpho-logical and 4D properties. Journal of Manufacturing Processes 2021, 62: 817–832.

[17] Kumar S, Singh R, Singh TP, Batish A. Investigations for magnetic properties of PLA–PVC–Fe_3O_4–wood dust blend for self-assembly applications. Journal of Thermoplastic Composite Materials 2019. p. 0892705719857778.

[18] Kumar S, Singh R, Singh TP, Batish A. Multimaterial printing and characterization for mechanical and surface properties of functionally graded prototype. Proceedings of the Institution of Mechanical Engineers, Part C: Journal of Mechanical Engineering Science 2019, 233 (19-20): 6741–6753.

[19] Sharma R, Singh R, Batish A. Study on barium titanate and graphene reinforced PVDF matrix for 4D applications. Journal of Thermoplastic Composite Materials 2019. p. 0892705719865004.

[20] Sharma R, Singh R, Batish A. On effect of chemical-assisted mechanical blending of barium titanate and graphene in PVDF for 3D printing applications. Journal of Thermoplastic Composite Materials 2020. p. 0892705720945377.

[21] Ranjan N, Singh R, Ahuja IPS. Development of PLA-HAp-CS-based biocompatible functional prototype: a case study. Journal of Thermoplastic Composite Materials 2020, 33 (3): 305–323.

第 5 章

可充电柔性电化学储能装置的特性分析

Kamaljit Singh Boparai[1], Abhishek Kumar[1], Rupinder Singh[2]

1 印度，巴廷达，GZSCCET，MRS 旁遮普技术大学，机械工程系
2 印度，昌迪加尔，国立技术教师培训与研究学院机械工程系

5.1 引　言

近年来电动汽车、智能房屋、生物医疗设备及其他混合储能技术飞速发展，人们对电化学能源的需求也随之急剧增加，这是不容忽视的事实[1,2]。为了应对技术的迅猛发展，满足日趋增长的需求，很多行业和研究人员开始寻求开发出热稳定性更高、成本更低、效率更高、环保性更强的新型材料，或对现有材料进行优化，以便最大限度地发挥其在电化学储能和转化设备中的潜力[3-5]。同时，FDM 技术在硬件、功能、软件和材料等各方面的持续进步，使打印复杂和功能性 3D 几何图形的可能性大大扩展[6-8]。在此之前，大量研究工作主要集中在电化学储能设备的组件制造上，如电极、集流体、分离器等[9-12]。3D 打印技术也被认为是制造电化学储能装置的先进技术，因为它能灵活地将这些装置无缝集成到产品结构中，具有打印复杂几何形状的能力。

FDM 属于快速成型技术，是增材制造（AM）或 3D 打印的一种技术[13]。AM 是一种逐层沉积材料以形成预定形状的制造工艺[14]。在 FDM 中，利用 Cura、Simplify3D、Creality slicer 等切片软件，将计算机辅助设计的三维模型（扩展名为 .stl 或 .amf）转换为"G 代码"。FDM 生产的零件的性能取决于用作原料长丝的材料。

研究表明，相变材料具有较高的热能储存能力，温度变化适中，因此在储能材料研究领域受到了广泛关注。

为了确定该领域的研究空白，在 Web of Science 数据库中搜索过去 20 年

(2001—2020 年) 的数据。最初以"电化学储能装置"为关键词进行搜索，从 Web of Science 数据库的核心集合中获得了 11 965 条结果。在这些结果中，选取了最近的 500 篇文章进行进一步分析。使用 VOSviewer（开源软件）进行文献目录分析并绘制网络图。根据关键词的最低出现次数为 5 进行筛选，在 12 005 个术语中，有 667 个符合条件。对这 667 个术语中的每个术语都计算了相关性得分，然后使用相关性在前 60% 的术语进行分析。图 5.1 展示了关键词"电化学储能装置"的网络图。从图 5.1 中可以看出，有 4 个群组代表了特定应用领域的主要研究成果。

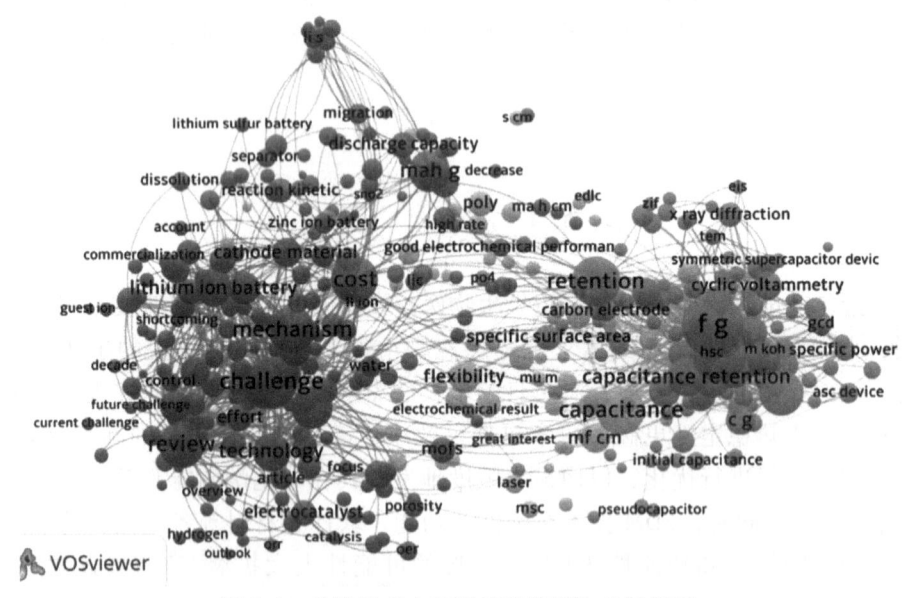

图 5.1 关键词"电化学储能装置"的网络图

为进一步确定研究空白，图 5.2（a）~图 5.2（c）展示了选择成本、比电容和机制为节点进行的研究空白分析。随后，在 Web of Science 数据库中搜索关键词"3D 打印储能装置"，共获得 209 条结果。根据关键词的最低出现次数为 5 进行筛选，在 6 101 个术语中，有 260 个符合条件。对这 260 个术语中的每个术语都计算了相关性得分，并使用相关性在前 60% 的术语（156 个）进行分析。图 5.3 展示了关键词"3D 打印储能装置"的网络图。从图 5.3 中可以看出，有 4 个群组代表了特定应用领域的主要研究成果。为进一步确定研究空白，图 5.4（a）~图 5.4（c）展示了选择储能装置、能量密度和柔性储能装置为节点进行的研究空白分析。最后，以"可充电柔性电化学储能装置"为关键词，在 Web of Science 数据的核心集合中总共得到

125 条结果。根据关键词的最低出现次数为 5 进行筛选,在 3 637 个术语中,有 144 个符合条件。对这 144 个术语中的每个术语都计算了相关性得分,并使用相关性在前 60% 的术语（86 个）进行分析（表 5.1）。图 5.5 展示了关键词"可充电柔性电化学储能装置"的网络图。从图 5.5 中可以看出,有 3 个群组代表了特定应用领域的主要研究成果。为进一步确定研究空白,图 5.6（a）~图 5.6（c）展示了选择柔性装置、柔性电池和高可逆容量为节点进行的研究空白分析。

(a)

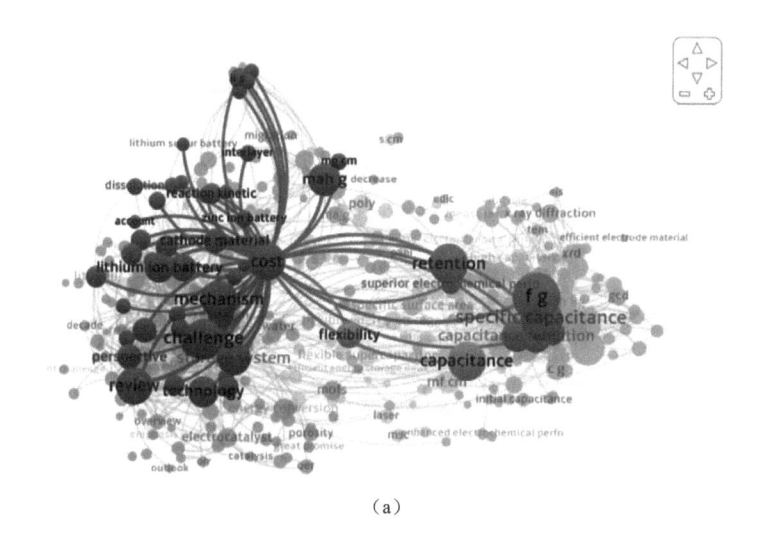

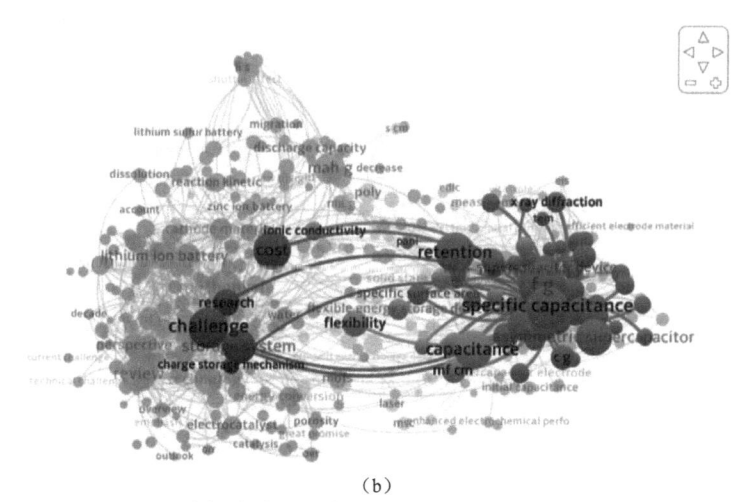

(b)

图 5.2　选择成本、比电容和机制为节点分析研究空白
(a) 成本; (b) 比电容

(c)

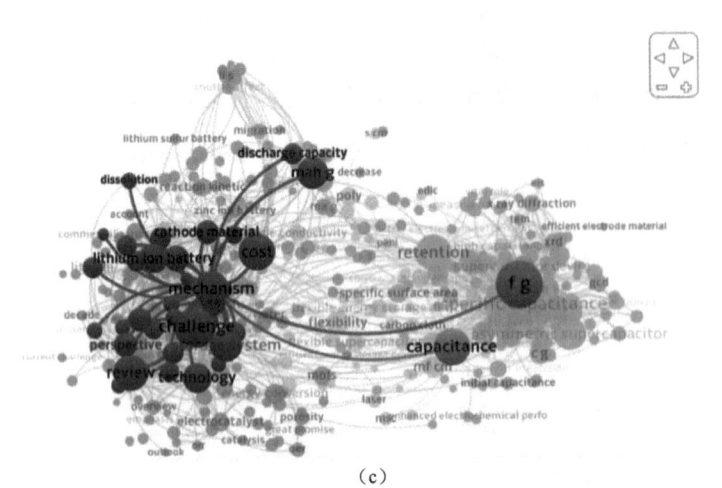

图 5.2　选择成本、比电容和机制为节点分析研究空白（续）

(c) 机制

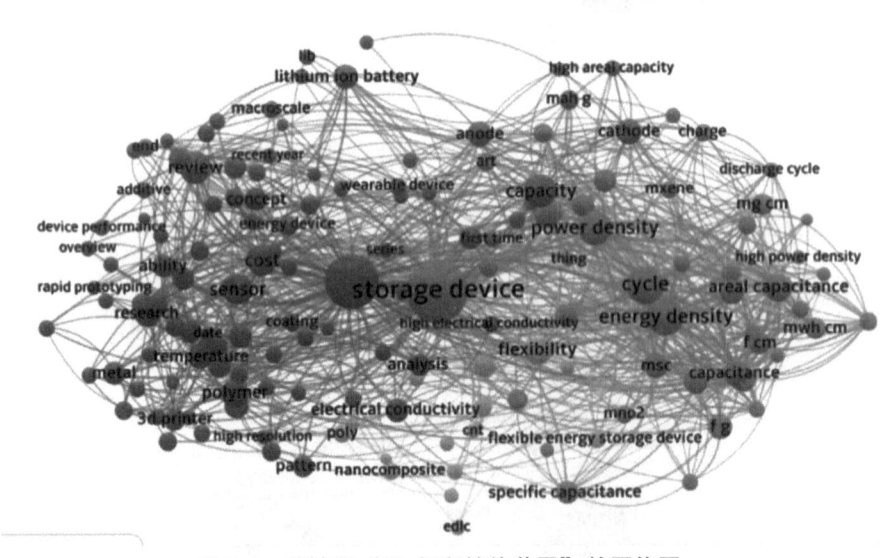

图 5.3　关键词"3D 打印储能装置"的网络图

第 5 章　可充电柔性电化学储能装置的特性分析

(a)

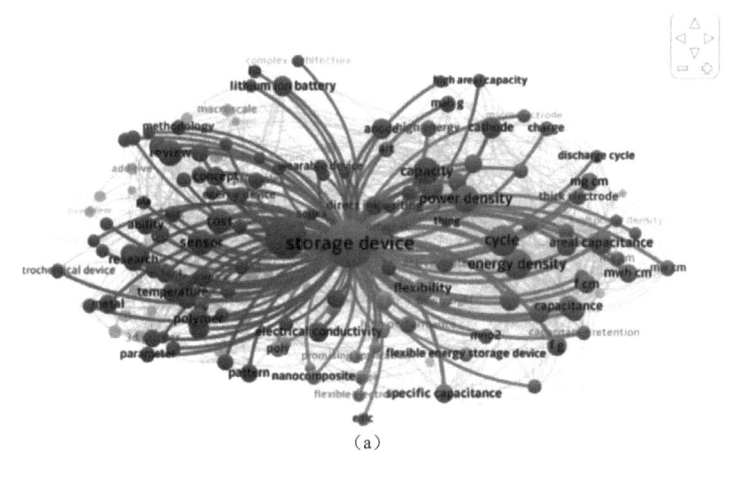

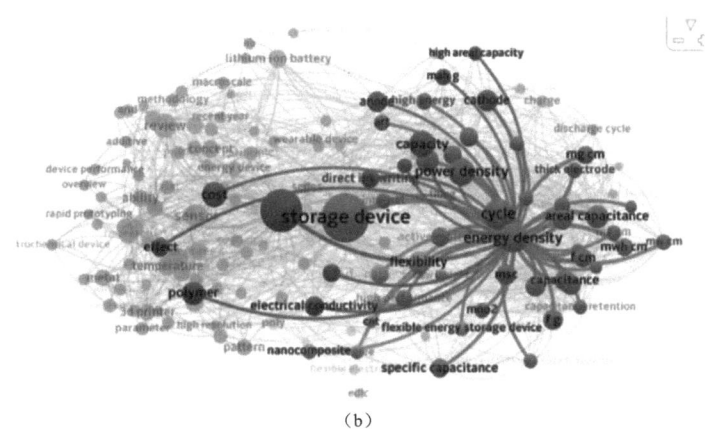

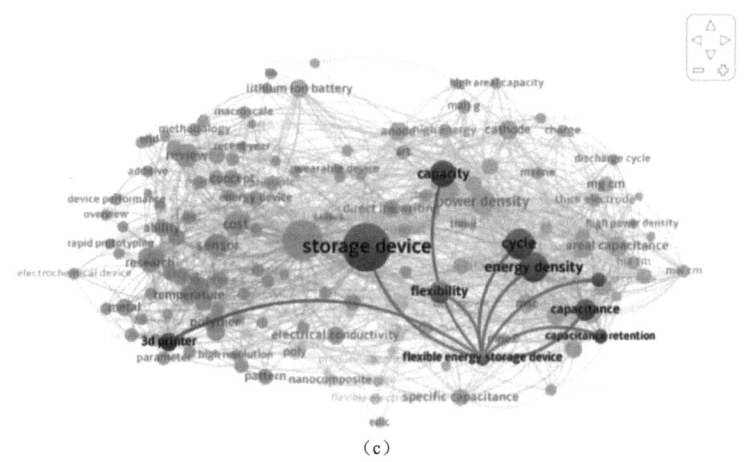

(b)

(c)

图 5.4 选择储能装置、能量密度和柔性储能装置为节点分析研究空白

(a) 储能装置；(b) 能量密度；(c) 柔性储能装置

表 5.1　关键词"可充电柔性电化学储能装置"的相关性得分计算

序号	术语	出现次数	相关性得分
1	Advantage（优势）	14	0.628 8
2	Capacity retention（容量保持）	20	1.568 2
3	Carbon（碳）	9	0.262 8
4	Carbon cloth（碳织物）	7	0.879 8
5	Carbon nanotube（碳纳米管）	13	0.481 7
6	Cathode material（阴极材料）	12	0.559 7
7	Challenge（挑战）	29	0.934 2
8	Characterization（特性）	5	0.298 5
9	Cnt（碳纳米管）	7	0.766 6
10	Cost（成本）	30	0.067 4
11	Current collector（电流收集器）	14	0.559 4
12	Current density（电流密度）	13	1.426 8
13	Cycle（周期）	48	0.958 8
14	Cycling（循环）	8	1.001 1
15	Cycling stability（循环稳定性）	19	0.957 4
16	Degrees C（摄氏度）	6	0.446 9
17	Electric vehicle（电动汽车）	14	0.522 7
18	Excellent electrochemical performance（优异的电化学性能）	8	2.260 3
19	Exploration（探索）	6	0.608 0
20	Fiber（纤维）	14	1.093 1
21	Field（场）	15	1.028 6
22	First time（第一次）	7	1.001 2
23	Flexible battery（柔性电池）	9	0.659 8
24	Flexible device（柔性设备）	7	0.431 3
25	Flexible electrode（柔性电极）	8	0.338 0
26	Flexible electronic device（柔性电子设备）	8	0.604 5

续表

序号	术语	出现次数	相关性得分
27	Focus（焦点）	6	1.663 9
28	Great challenge（巨大的挑战）	5	0.933 5
29	High capacity（高容量）	11	0.853 0
30	High electrochemical performance（高电化学性能）	5	0.784 4
31	High energy（高能量）	9	0.323 3
32	High flexibility（高柔性）	5	0.577 5
33	High performance（高性能）	9	1.010 9
34	High power density（高功率密度）	6	0.648 2
35	High reversible capacity（高可逆能力）	7	1.754 5
36	High safety（高安全性）	9	2.195 8
37	High specific capacity（高比容）	7	0.671 7
38	Hydrogel electrolyte（水凝胶电解质）	7	1.021 4
39	Insight（洞察力）	7	1.632 0
40	Integration（整合）	9	0.412 2
41	Layer（层）	12	0.635 3
42	Li-ion battery（锂离子电池）	8	0.549 7
43	Lb（锂离子电池）	7	0.609 0
44	Libs（锂离子电池）	10	0.714 6
45	Light（光）	6	0.873 7
46	Limitation（限制条件）	7	0.585 0
47	Lithium（锂）	9	1.081 2
48	Lithium-ion battery（锂离子电池）	22	0.737 7
49	Long cycle life（循环寿命长）	7	1.290 5
50	Ma cm（mA cm）	5	3.548 6
51	Ma g（mA g）	10	1.316 4
52	Ma h cm（mAh cm）	6	2.018 0

续表

序号	术语	出现次数	相关性得分
53	Ma h g（mA h g）	20	1.073 2
54	Mah g（mAh g）	16	0.770 7
55	Metal（金属）	8	0.409 3
56	Miniaturization（微型化）	5	1.121 6
57	Morphology（形态学）	5	0.330 8
58	mw cm（MW cm）	6	2.787 9
59	mw h cm（MW h cm）	7	2.239 8
60	mwh cm（MWh cm）	5	1.872 0
61	Nanomaterial（纳米材料）	8	0.522 1
62	Order（次序）	5	1.223 2
63	Overview（概述）	6	1.567 1
64	Paper（论文）	15	0.389 2
65	Perspective（视角）	16	1.522 0
66	Poly（聚合物）	7	0.995 8
67	Polymer（聚合物）	11	0.389 9
68	Polymer electrolyte（聚合物电解质）	9	0.775 4
69	Positive electrode（正极）	5	2.245 0
70	Practical application（实际应用）	9	1.134 6
71	Preparation（准备工作）	7	1.229 4
72	Promising candidate（有希望的候选者）	7	1.501 1
73	Proof（证明）	6	1.707 1
74	Recent advance（最新进展）	11	1.357 8
75	Recent progress（最新进展）	7	1.529 9
76	Recent year（最近一年）	9	0.929 7
77	Research（研究）	17	0.578 4
78	Review（回顾）	22	1.195 7

续表

序号	术语	出现次数	相关性得分
79	Self（自我）	11	0.543 7
80	State（国家）	19	0.485 5
81	Technology（技术）	25	1.074 3
82	Time（时间）	13	0.887 8
83	Today（今天）	5	1.160 3
84	Use（使用）	15	0.753 4
85	Wearable electronic device（可穿戴电子设备）	8	0.285 7
86	Zinc-ion battery（锌离子电池）	8	0.623 2

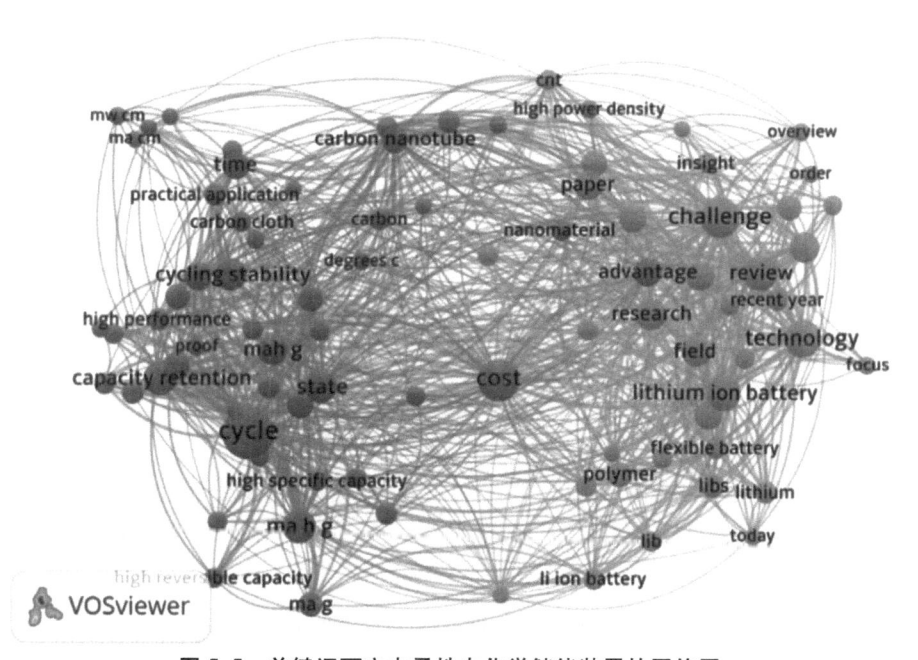

图 5.5 关键词可充电柔性电化学储能装置的网络图

(a)

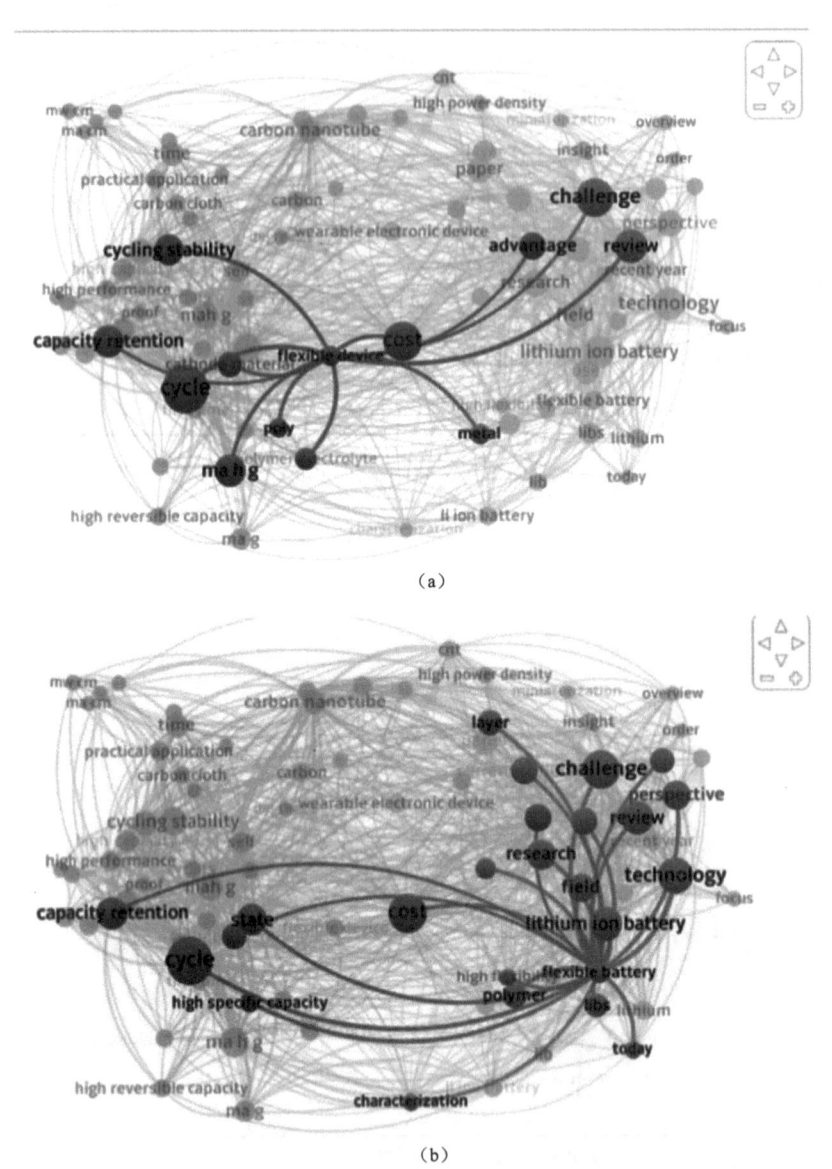

(b)

图 5.6 选择柔性装置、柔性电池和高可逆容量为节点分析研究空白
(a) 柔性装置；(b) 柔性电池

(c)

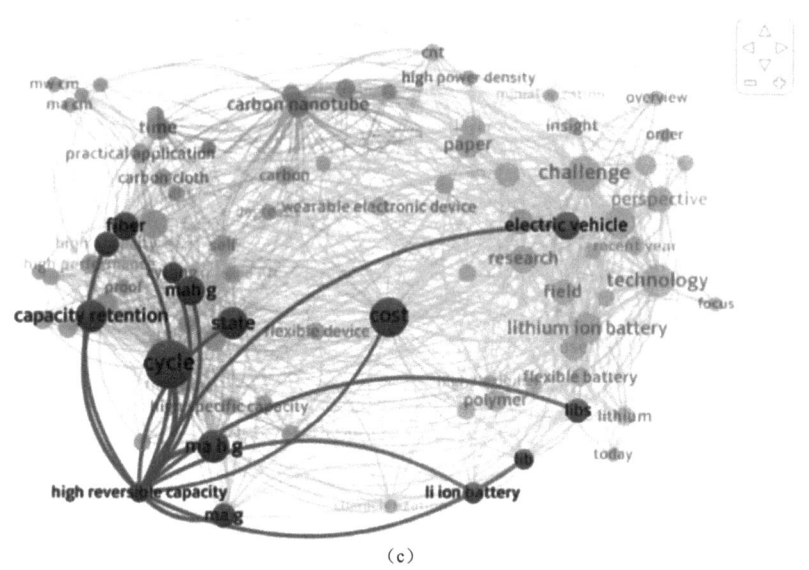

图 5.6　选择柔性装置、柔性电池和高可逆容量为节点分析研究空白（续）

(c) 高可逆容量

基于 Web of Science 进行的研究空白分析突显出，在利用 3D 打印技术制造储能装置方面的研究还比较有限。本研究的目的是表述和验证一种新的制备方法，以制造适用于 FDM 的低成本/内部复合原料长丝材料，这种材料可直接用于 3D 打印储能装置。然而，材料（石蜡、石墨和石墨烯）的选择是基于电化学存储应用来进行的。通过 MFI 测试器评估其流变性质后，在 TSE 上制造原料长丝。在软件中指定标准参数，如螺杆转速、辊速和机筒温度，以成功挤出原料长丝。结果，成功开发了为 FDM 应用制备的原料长丝的合成物，并检查了其可加工性。此外，通过使用 SEM 和 FTIR 分析，实现了结构形态的分析。最后，通过 DSC 测量了该材料的热性能和热稳定性，以揭示其作为 FDM 原料长丝（除标准丝外）的适用性，同时满足各种储能应用的需求。图 5.7 展示了工艺流程和本研究使用的方法。

5.2　实　　验

5.2.1　材料选择

挤出成型应用选用了以下材料。

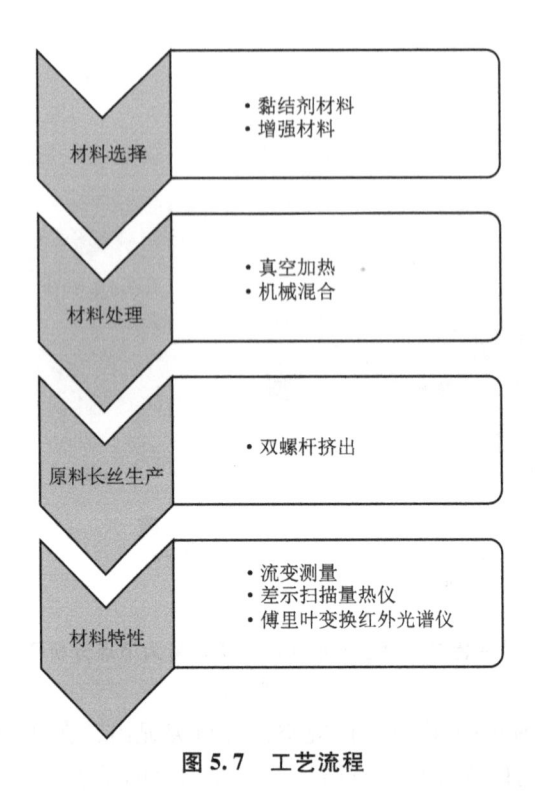

```
┌─────────────┐  ┌──────────────────────┐
│  材料选择    │→│ • 黏结剂材料          │
│             │  │ • 增强材料            │
└─────────────┘  └──────────────────────┘

┌─────────────┐  ┌──────────────────────┐
│  材料处理    │→│ • 真空加热            │
│             │  │ • 机械混合            │
└─────────────┘  └──────────────────────┘

┌─────────────┐  ┌──────────────────────┐
│ 原料长丝生产 │→│ • 双螺杆挤出          │
└─────────────┘  └──────────────────────┘

┌─────────────┐  ┌──────────────────────┐
│  材料特性    │→│ • 流变测量            │
│             │  │ • 差示扫描量热仪      │
│             │  │ • 傅里叶变换红外光谱仪│
└─────────────┘  └──────────────────────┘
```

图 5.7 工艺流程

首先是石蜡，其化学式为 C_nH_{2n+2}，纯度超过 99%，密度为 $0.9\ g\cdot cm^{-3}$，熔点为 40 ℃，含油量为 0.50%，由新德里的 Meta wares India Private limited 公司提供。石蜡是一种饱和碳氢化合物的混合物，通常由直链正构烷烃 $CH_3—(CH_2)_n—CH_3$ 组成。特别要提的是，$(CH_2)_n$ 链的结晶过程会释放大量的潜热。石蜡（见图 5.8（a））的比热容为 $2.14\sim2.9\ J\cdot g^{-1}\cdot K^{-1}$，熔融热为 $200\sim220\ J\cdot g^{-1}$，是储热材料的最佳选项。其次是石墨粉（见图 5.8（b）），纯度为 99%，密度为 $2.26\ g\cdot cm^{-3}$，粒度为 200 目，由印度 Akshar Chem Solutions 公司提供。石墨粉由于其良好的导热性能，被广泛应用在各个领域，它是碳的一种同素异形体，存在两种结晶结构。最后是石墨烯粉末（见图 5.8（c）），由 Platonic Nanotech Private Limited 公司提供，纯度超过 99%，密度为 $0.15\ g\cdot cm^{-3}$，厚度为 $5\sim10\ nm$，长度为 $5\sim10\ \mu m$，平均层数为 $4\sim8$ 层，表面积为 $190\ m^2\cdot g^{-1}$。石墨烯粉末以其优秀的热性能、力学性能和化学性能而被选用。

图 5.8　原料长丝材料
(a) 石蜡；(b) 石墨；(c) 石墨烯

5.2.2　样品制备

为了去除水分，将选定的材料在真空干燥箱中加热 2 h，设定温度为 40 ℃。表 5.2 列出了石蜡、石墨粉和石墨烯粉末的具体成分和比例，这些组合物是通过机械混合得到的。

表 5.2　组合物中各成分的质量比例

组合物	石蜡（质量百分比）/%	石墨烯（质量百分比）/%	石墨（质量百分比）/%
A	50	50	—
B	60	40	—
C	70	30	—
D	50	—	50
E	60	—	40
F	70	—	30

5.2.3　样品处理

使用 TSE 来制备原料长丝（见图 5.9（a）~（f））。首先，通过 TSE 进行机械混合，以实现成分的均匀分布。在进行了初步试验之后，确定了加工参数，包括螺杆转速（100 r/min）和机筒温度（40~50 ℃）。

图 5.9 用不同组合物制备的挤出原料长丝
(a) 组合物 A；(b) 组合物 B；(c) 组合物 C；(d) 组合物 D；
(e) 组合物 E；(f) 组合物 F

5.2.4 材料表征

5.2.4.1 流变学测量

为了研究样品的流变特性，进行了 MFI 测试，这是一种公认的比较流变行为的标准技术。在这种方法中，需要测量热塑性塑料材料通过一个孔口的流量，时间为 10 min。根据 ASTM D1238 的标准，在 40 ℃ 的温度下进行测试，并施加了 1 kg 的质量（如图 5.10 所示）。MFI 的标准测试单位为 g·(10 min)$^{-1}$。将准备好的样品通过 MFI 筒挤出，称重三次，然后记录平均值。

图 5.10 熔体流动指数测试仪

表 5.3 和图 5.11 分别列出了制备样品的 MFI 和黏度值（按 Shenoy 等[15] 给出的程序计算）。

表 5.3 不同成分/比例（质量百分比）的 MFI 和黏度值

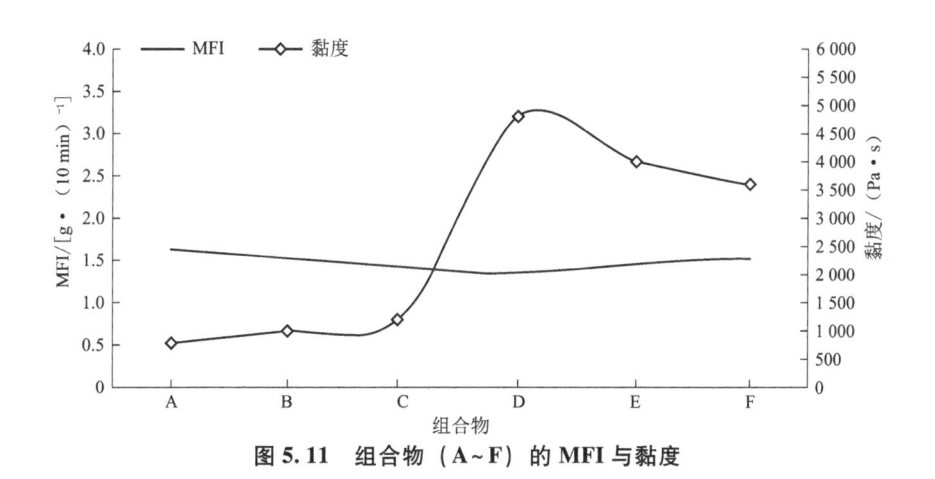

组合物	密度 ρ/(g·cm^{-3})	MFI/[g·(10 min)$^{-1}$]	黏度 μ/(Pa·s)
A	0.25	1.618	771
B	0.30	1.536	974
C	0.36	1.428	1 257
D	1.28	1.327	4 812
E	1.18	1.466	4 015
F	1.09	1.517	3 584

注：表中数值是三次重复观测的平均值。

图 5.11 组合物（A~F）的 MFI 与黏度

5.2.4.2 差示扫描量热法

DSC 是一种热分析方法，它能测量样品和参照物升温所需热量与温度之间的关系。在测试开始时，会让样品和参照物在整个试验过程中保持同等温度。这种方法常用于确定熔化、结晶和玻璃化转变温度。通过使用配有 HSS8 传感器和 Huber TC 中间冷却器（附带冷冻冷却附件）的 DSC1（梅特勒-托利多）来记录样品的热特性。在开始前，样品的质量为 6.8~8.2 mg，放置在 40 μL 的 Al 标准坩埚中。样品从 30 ℃ 开始升温至 80 ℃，在 80 ℃ 下等温固化 1 min，然后以 10 K·min⁻¹ 的速度冷却至 30 ℃。接下来，以相同的速度（10 K·min⁻¹）进行第二次升温扫描。测量曲线显示出峰值，其面积与过程中涉及的焓变相对应。DSC 曲线包括放热峰和吸热峰，即玻璃化转变温度（T_g）、冷结晶峰、熔化焓峰和最终分解峰。熔化（X_m）和冷却（X_c）时的结晶度值是通过文献［14］的公式确定的。100% 结晶石蜡的熔化焓（ΔH）取 205。

表 5.4 列出了 DSC 的结果，包括熔化峰温度（T_m）、结晶峰温度（T_c）、熔化焓（ΔH_m°）、结晶焓（ΔH_c°）、加热时的结晶度（X_m）和冷却时的结晶度（X_c）[14]。图 5.12 的组合物 A~C 与图 5.13 的组合物 D~F 的热图展示出不同的峰值。

表 5.4 DSC 结果

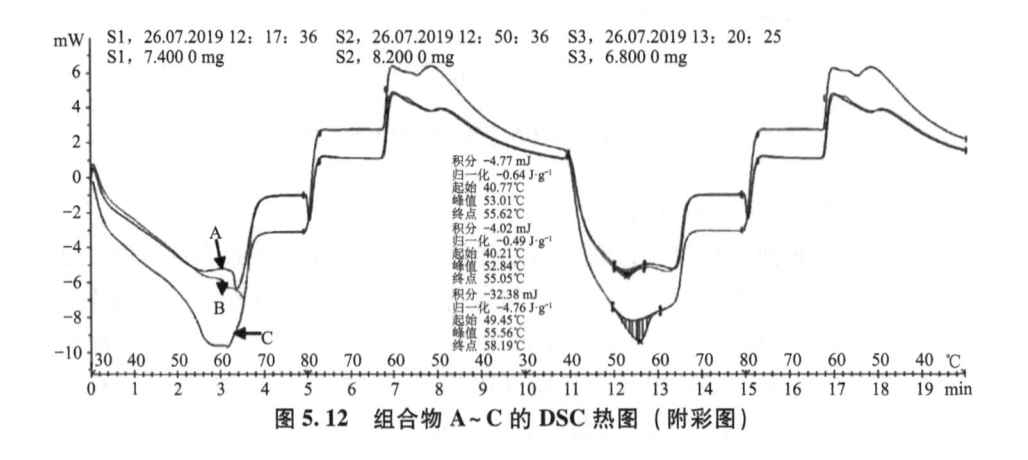

材料/组合物	T_c/℃	T_m/℃	ΔH_c°/(J·g⁻¹)	ΔH_m°/(J·g⁻¹)	X_c/%	X_m/%
石蜡	58.01	49.00	24.37	2.64	0.23	0.260
A	52.34	53.01	14.85	0.64	0.14	0.062
B	50.09	52.84	14.84	0.49	0.12	0.039
C	49.97	55.56	8.74	4.76	0.60	0.330
D	51.19	52.52	−5.67	0.32	0.50	0.031
E	54.23	53.70	4.87	0.48	0.03	0.039
F	55.06	56.37	8.7	2.66	0.60	0.180

图 5.12 组合物 A~C 的 DSC 热图（附彩图）

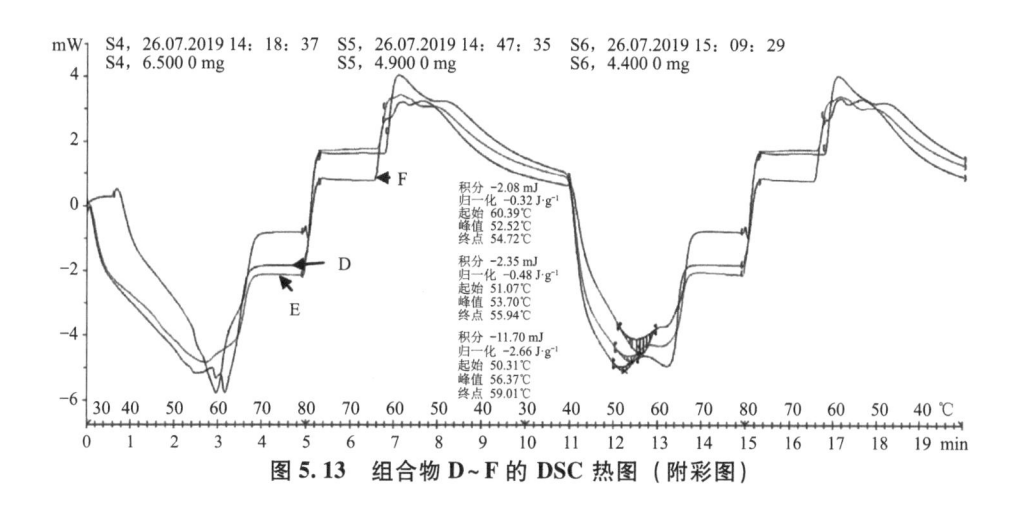

图 5.13 组合物 D~F 的 DSC 热图（附彩图）

5.2.4.3 傅里叶变换红外光谱

FTIR（由 Perkin Elmer 公司制造），型号 spectrum two，波长范围为 400~4 000 cm^{-1}，试验在室温（25 ℃）环境下进行。FTIR 是一种分析测量手段，用于研究化学结构。红外辐射通过化学样品，一部分辐射被样品吸收，另一部分则穿过样品。组合物 A、B 和 C 的 FTIR 如图 5.14 所示。同样，组合物 D、E 和 F 的 FTIR 如图 5.15 所示。

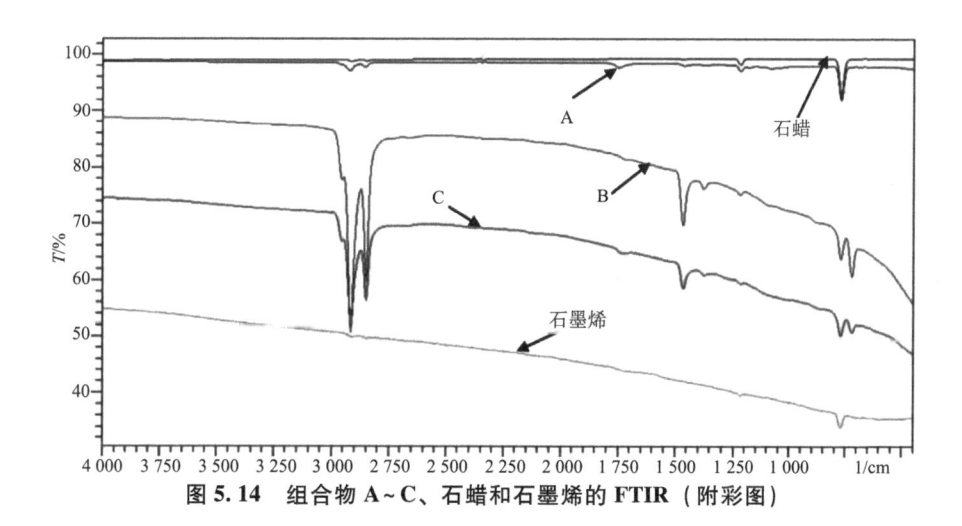

图 5.14 组合物 A~C、石蜡和石墨烯的 FTIR（附彩图）

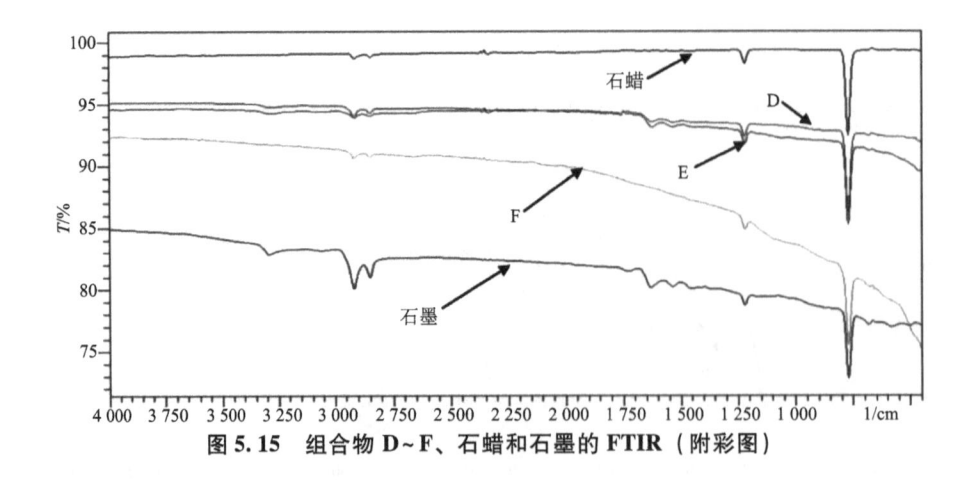

图 5.15 组合物 D~F、石蜡和石墨的 FTIR（附彩图）

如表 5.5 所示，石墨烯在 512.07 cm^{-1} 和 592.50 cm^{-1} 的范围内出现了峰值，这是由于烷基卤化物和 C—Br 的存在，这些具有伸缩模式的特征。石墨烯的峰值还出现在 684.21 cm^{-1} 处，显示了烷基卤化物的 C—Cl 伸缩模式特征。组合物 B 和 C 的峰值分别出现在 720.44 cm^{-1} 和 721.70 cm^{-1}，显示了含有═C—H 的芳香环特征（面外弯曲模式），它属于烯类化合物，而其他成分及石墨烯和石蜡中都没有这种特征。此外，组合物 A、B、C、石墨烯和石蜡的峰值分别出现在 772.14 cm^{-1}、771.84 cm^{-1}、771.76 cm^{-1}、771.88 cm^{-1} 和 772.16 cm^{-1}，表明具有烯类化合物的 C—H 面外变形振动特征。组合物 A 中 1 081.89 cm^{-1} 的峰值与 C—F 特征带和烷基卤化物类别有关，峰值 1 180.53 cm^{-1} 与 C—O 伸缩模式特征带和醇类化合物有关。组合物 A、B、C、石墨烯和石蜡的峰值分别为 1 218.85 cm^{-1}、1 217.68 cm^{-1}、1 218.65 cm^{-1}、1 218.25 cm^{-1} 和 1 219.39 cm^{-1}，这代表 C—O 伸缩模式特征带和醇类化合物。组合物 B 和 C 中的峰值分别为 1 374.35 cm^{-1}、1 375.73 cm^{-1}，与 C—O—H 弯曲模式特征带有关，而在组合物 A、石墨烯和石蜡中则未观察到这种特征。1 457.43 cm^{-1}、1 463.10 cm^{-1} 和 1 463.98 cm^{-1} 的峰值代表了材料 A、B 和 C 中仲胺的 N—H 弯曲模式特征。

表 5.5 组合物 A~C、石蜡和石墨烯的 FTIR 数据

A	B	C	石墨烯	石蜡	归属/化合物类别
2 921.44	2 954.37	2 955.03	2 931.58	2 915.61	O—H：伸缩模式
2 852.35	2 915.91	2 915.93	2 845.58	2 847.87	O—H：伸缩模式
—	2 848.31	2 848.33	—	—	O—H：伸缩模式
—	—	2 660.78	—	—	O—H：伸缩模式

续表

A	B	C	石墨烯	石蜡	归属/化合物类别
2 376.63	—	—	—	2 362.63	C≡N：伸缩模式/腈
—	—	—	—	2 339.54	C≡N：伸缩模式/腈
1 744.78	—	—	—	—	C=O：伸缩模式（酯）
—	1 723.12	—	—	—	C=O：伸缩模式（酯与C=C或苯基共轭）
1 457.43	1 463.10	1 463.98	—	—	N—H：伸胺弯曲
—	1 374.35	1 375.73	—	—	C—O—H：弯曲模式
1 218.85	1 217.68	1 218.65	1 218.25	1 219.39	C—O：伸缩模式
1 180.53	—	—	—	—	C—O：伸缩模式
1 081.89	—	—	—	—	C—F：烷基卤化物
772.14	771.84	771.76	771.88	772.16	C—H：面外变形振动
—	720.44	721.70	—	—	=C—H：面外弯曲模式（芳香环）
—	—	—	684.21	—	C—Cl：伸缩模式（烷基卤化物）
—	—	—	592.50	—	C—Br：伸缩模式（烷基卤化物）
—	—	—	512.07	—	C—Br：伸缩模式（烷基卤化物）

组合物 B 中 1 723.12 cm^{-1} 的峰值显示了对流键，这是由于酯与 C=C 或苯基共轭的 C=O 伸缩模式特征。组合物 A 中 1 744.78 cm^{-1} 的峰值显示了 C=O 伸缩模式特征带和酯类化合物。在组合物 A 和石蜡中分别出现的峰值 2 376.63 cm^{-1} 和峰值范围 2 339.54~2 362.63 cm^{-1} 代表 C≡N 伸缩模式特征带，这在材料 B、C 和石墨烯中是未观察到的。组合物 A 中的峰值范围 2 921.44~2 852 cm^{-1}，组合物 B 中的峰值范围 2 957.34~2 848.31 cm^{-1}，材料 C 中的峰值范围 2 955.03~2 660.78 cm^{-1}，石墨烯中的峰值范围 2 913.58~2 845.58 cm^{-1}，石蜡中的峰值范围 2 915.61~2 847.87 cm^{-1}，表示与化合物类别羧酸和 O—H 伸缩特征带的存在有关。通过分析 FTIR 数据，验证了石墨烯在不同比例的石蜡中成功进行了化学结构整合和增强。

表 5.6 列出了组合物 D~F、石蜡和石墨的 FTIR 数据。成分 D 在 504.32~583.15 cm^{-1} 范围内出现峰值，代表存在 C—Br 伸缩模式特征，

化合物类别为烷基卤化物。组合物 D、E 和 F 的峰值分别为 682.65 cm^{-1}、680.62 cm^{-1} 和 683.07 cm^{-1}，表示 C—Cl 伸缩模式特征，化合物类别为烷基卤化物。组合物 D、E、F、石墨和石蜡中分别位于 772.05 cm^{-1}、772.13 cm^{-1}、772.15 cm^{-1}、772.07 cm^{-1} 和 772.16 cm^{-1} 的峰值与 C—H 面外变形振动有关。组合物 D、E、F、石墨和石蜡中 1 219.20 cm^{-1}、1 219.17 cm^{-1}、1 219.36 cm^{-1}、1 218.40 cm^{-1} 和 1 219.39 cm^{-1} 的峰值与化合物类别酯和特征带 C=O 伸缩模式有关。组合物 D 中的峰值 1 455.92 cm^{-1} 与 N—H 有关，是仲胺的弯曲模式特征。组合物 D 中的峰值 1 730.55 cm^{-1} 显示了对流键，这是由于酯与 C=C 或苯基共轭而产生的 C=O 伸缩模式特征。石墨中 2 168.22 cm^{-1} 的峰值与 C≡C 伸缩模式特征带和化合物类别炔有关。组合物 E、F 和石蜡中的峰值 2 363.42 cm^{-1}、峰值范围 2 362.77~2 338.65 cm^{-1} 和峰值范围 2 362.63~2 339.54 cm^{-1} 与 C≡N 伸缩模式特征带有关，这在组合物 D 和石墨中是未观察到的。此外，在组合物 D、E、F、石墨和石蜡中，峰值范围分别为 3 061.67~2 850.32 cm^{-1}、3 286.28~2 849.93 cm^{-1}、3 286.06~2 916.96 cm^{-1}、2 916.70~2 661.08 cm^{-1} 和 2 915.61~2 847.87 cm^{-1}，这与化合物类别羧酸和特征带 O—H 伸缩模式有关。在组合物 D 中，峰值 3 292.05 cm^{-1} 显示了 O—H 伸缩模式特征带和醇类化合物类别，这是其他组合物、石墨和石蜡所没有的。由于各成分比例的不同，存在一些微小的差异，这些差异可能是由于成分不同造成的。通过检测 FTIR 数据，可以确认石蜡中的石墨得到了增强，化学结构也发生了成功的变化。

表 5.6 组合物 D~F、石墨和石蜡的 FTIR 数据

D	E	F	石墨	石蜡	归属/化合物类别
3 292.05	—	—	—	—	O—H：伸缩模式
—	3 286.28	3 286.06	2 916.70	2 915.61	O—H：伸缩模式
3 061.67	2 917.50	2 916.96	2 848.80	2 847.87	O—H：伸缩模式
2 918.22	2 849.93	—	2 661.08	—	O—H：伸缩模式
2 850.32	—	—	—	—	O—H：伸缩模式
—	2 363.42	2 362.77	—	2 362.63	C≡N：伸缩模式/腈
—	—	2 338.65	—	2 339.54	C≡N：伸缩模式/腈
—	—	—	2 168.22	—	C≡C：伸缩模式（炔烃）
1 730.55	—	—	—	—	C=O：伸缩模式（酯与 C=C 或苯基共轭）

续表

D	E	F	石墨	石蜡	归属/化合物类别
1 632.18	1 625.81	1 624.44	—	—	N—H：伯胺弯曲
1 536.36	1 537.86	1 538.82	—	—	—NO$_2$：不对称伸缩模式（脂肪族硝基）
1 455.92	—	—	—	—	N—H：仲胺弯曲
1 219.20	1 219.17	1 219.36	1 218.40	1 219.39	C=O：(Ester) 伸缩模式（酯）
772.05	772.13	772.15	772.07	772.16	C—H：面外变形振动
682.65	680.62	683.07	—	—	C—Cl：伸缩模式（烷基卤化物）
583.15	—	—	—	—	C—Br：伸缩模式（烷基卤化物）
504.32	—	—	—	—	C—Br：伸缩模式（烷基卤化物）

5.2.4.4 扫描电子显微镜

如图 5.16（a）～（f）所示，使用 SEM 图像对制备的样品进行了结构形态评估。

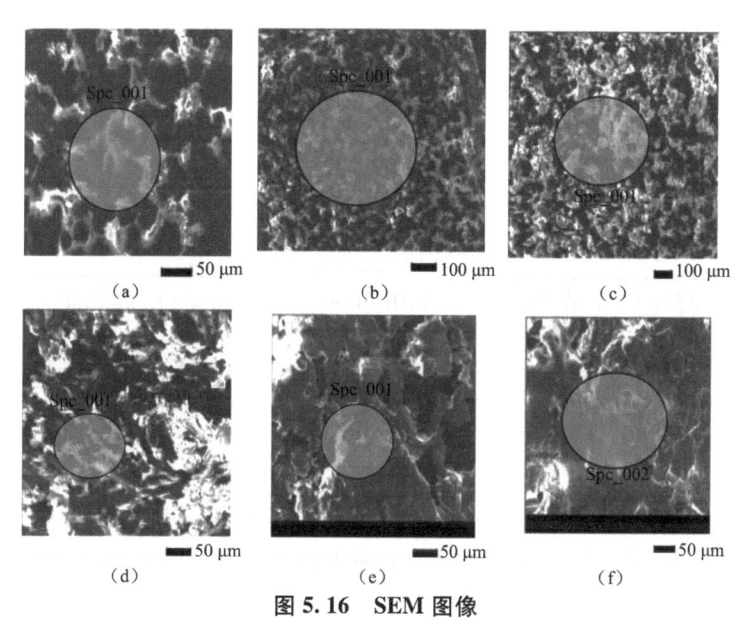

图 5.16 SEM 图像

（a）组合物 A；（b）组合物 B；（c）组合物 C；（d）组合物 D；
（e）组合物 E；（f）组合物 F

5.3 结 论

本研究成功提出一种适用于 FDM 的原料长丝材料,可应用于储能。通过 MFI 和 DSC 对聚合物材料基质中的增强纳米材料(石蜡中的石墨烯和石墨)进行了表征。此外,还通过 FTIR 和 SEM 图像观察了结构变化。本试验研究工作得出以下结论。

(1) 基于 Web of Science 进行了研究空白分析,以确定研究工作的可能范围。在储能装置的 3D 打印方面开展的研究工作还较为有限。

(2) 绘制了不同比例的石墨烯和石墨在石蜡(组合物 A~F)中的 MFI 和黏度,以了解其流动行为,并确定 3D 打印直接储能装置的液化头温度和材料流速等加工条件。

(3) DSC 结果显示,随着石蜡基质中加入增强材料,T_c、T_m、X_m 和 X_c 的值都有所下降。虽然在基质中也观察到了成核效应,但增强材料略微阻碍了颗粒的移动和石蜡分子链向组合物中核表面的扩散。

(4) FTIR 研究表明,石蜡中加入石墨烯和石墨后,化学结构发生了变化。此外,FTIR 数据证实了石蜡的强化作用。

(5) 最后,SEM 图像显示了混合物中不同增强材料的均匀分布。此外,基质中没有结块或团聚现象。因此,提出的复合材料可用于 4D 应用。

(6) 进一步的研究工作可能集中于打印具有定制几何形状和容量的储能装置的功能部件,如干电池。

致 谢

作者感谢印度工程师学会(Institution of Engineers)提供的资金支持,项目编号为 UG2019014。

参 考 文 献

[1] Li H, Peng L, Zhu Y, Zhang X, Yu G. Achieving high-energy-high-power density in a flexible quasi-solid-state sodium ion capacitor. Nano Letters 2016, 16 (9): 5938-5943.

[2] González E, Goikolea JA, Barrena R, Mysyk. Review on supercapacitors: technologies and materials. Renewable & Sustainable Energy Reviews 2016,

58: 1189-1206.

[3] Boparai KS, Singh R. 3D printed functional prototypes for electrochemical energy storage. International Journal of Materials Engineering Innovation 2019, 10 (2): 152-164.

[4] Sun Y, Lopez J, Lee H-W, Liu N, Zheng G, Wu C-L, et al. A stretchable graphitic carbon/si anode enabled by conformal coating of a self-healing elastic polymer. Advanced Materials 2016, 28: 2455-2461.

[5] Lee C-Y, Taylor AC, Nattestad A, Beirne S, Wallace GG. 3D print electrocatalytic applications. Joule 2019, 3 (8): 1835-1849.

[6] Strickler AL, Higgins D, Jaramillo TF. Crystalline strontium iridate particle catalysts for enhanced oxygen evolution in acid. ACS. Applied Energy Materials 2019, 2 (8): 5490-5498.

[7] Zhang CFJ, Kremer MP, Seral-Ascaso A, Park S-H, McEvoy N, Anasori B, et al. Stamping of flexible, coplanar micro-supercapacitors using MXene Inks. Advanced Functional Materials 2018, 28: 1705506.

[8] Foster C, Down M, Zhang Y, et al. 3D printed graphene based energy storage devices. Scientific Reports 2017, 7: 42233.

[9] Godwin I, Rovetta A, Lyons M, Coleman J. Electrochemical water oxidation: the next five years. Current Opinion in Electrochemistry 2018, 7: 31-35.

[10] King LA, Hubert MA, Capuano C, et al. A non-precious metal hydrogen catalyst in a commercial polymer electrolyte membrane electrolyser. Nature Nanotechnology 2019, 14: 1071-1074.

[11] Osiak M, Geaney H, Armstrong E, O'Dwyer C. Structuring materials for lithiumion batteries: advancements in nanomaterial structure, composition, and defined assembly on cell performance. Journal of Materials Chemistry A 2014, 2: 9433-9460.

[12] Rolison DR, Long JW, Lytle JC, Fischer AE, Rhodes CP, McEvoy TM, et al. Multifunctional 3D nanoarchitectures for energy storage and conversion. Chemical Society Reviews 2009, 38: 226-252.

[13] Boparai KS, Singh R, Singh H. Modeling and optimization of extrusion process parameters for the development of Nylon6-Al-Al$_2$O$_3$ alternative FDM filament. Progress in Additive Manufacturing 2016, 1 (1-2): 115-128.

[14] Boparai KS, Singh R, Fabbrocino F, Fraternali F. Thermal characterization of recycled polymer for additive manufacturing applications. Composites Part

B: Engineering 2016, 106: 42-47.

[15] Shenoy AV, Saini DR, Nadkarni VM. Melt rheology of polymer blends from melt flow index. International Journal of Polymeric Materials 1984, 10 (3): 213-235.

第 6 章

智能结构的双/多材料复合基质：ABS-PLA 与 ABS-PLA-HIPS 案例研究

Rupinder Singh[1]，Sudhir Kumar[2]，Ranvijay Kumar[3]

1 印度，昌迪加尔，国立技术教师培训与研究学院机械工程系
2 印度，卢迪亚纳，CT 大学机械工程系
3 印度，莫哈里，昌迪加尔大学研发中心机械工程系

6.1 引　言

FDM 作为一种低成本的增材制造技术，使制造商能够根据需求定制产品的设计和材料配方。除了制造最终产品的成本以外，FDM 技术还因其制造的产品通常柔韧性不足、功能有限和表面特性欠佳而备受批评。使用单一材料制造的产品可能特性和功能受限。但是，当前使用 FDM 的多材料 3D 打印技术已经突破产品功能和特性的局限，为机器人技术、生物制造、致动器、传感器、航空航天等工程领域带来了创新的应用前景。以往研究表明，使用 FDM 的多材料 3D 打印技术能够用于制造能形变恢复的产品[1]。Li 等研究者[2] 探索了 FDM 3D 打印在单材料、多材料及打印—暂停—打印概念中的应用。研究显示，多材料 3D 打印技术能够提升微化工设备的功能特性。类似地，多材料 3D 打印技术在机器视觉辅助平台[3]、微流体[4]、致动器[5]、4D 打印[6]、软压力传感器[7]、智能设备[8] 及生物医学[9] 等领域的应用也得到了广泛研究。多材料 3D 打印技术实现的技术突破是单材料 3D 打印技术所无法比拟的。例如，研究者们已经通过多材料 3D 打印技术实现了多组态结构的整体建模设计[10]，并制备了具有双向伸缩性的热塑性聚氨酯-碳纳米管复合材料压阻式应变传感器[11]。此外，3D 打印技术还被用于术前规划[12]。多材料 3D 打印的应用不仅限于聚合物、金属或合金的制造，如今同时进行红外烹饪的食品 3D 打印也有广泛应用[13]，有研究指出，这种技术制造的

食品内部结构复杂,适合进行传统烹饪处理[14]。此外,多材料3D打印技术还在持续研究中,以用于制备定制化食品[15]。先前的研究表明,多材料3D打印能够优化材料的表面特性及拉伸、弯曲、拉拔等性能[16-18],在传感器制造领域发挥了重要作用。例如,制造了可伸缩的触觉传感器[19]、软体机器人的电阻传感器[20]、心脏微生理装置、光电子元件[21]和压力传感器[22]等产品。

在Web of Science数据库中,对2016—2020年间的文献进行详细的研究分析,以"multimaterial 3D printing(多材料3D打印)"为关键词的相关论文总计259篇。使用VOSviewer软件的二进制计数算法对其进行分析,共识别出7 603个术语,其中96个满足设定的阈值。从中筛选出约60%的术语,即58个术语符合算法要求,进一步提炼后保留了26个术语。表6.1列出了这26个术语的相关性得分和出现次数。图6.1展示了所选术语的可视化图谱分析。从图中节点的大小可以看出,"manufacturing(制造)"一词在所有研究报告中出现频率最高。同时,"actuator(致动器)"作为关键词也多次被提及,这表明多材料3D打印在传感器和致动器的4D打印应用方面具有巨大的潜力。图6.2预测了当前研究的空白,从图中可以观察到,在致动器和传感器方面的多材料3D打印的探索还相对不足,未来的研究可致力于开发这些领域的多材料部件4D打印。

图6.3展示了双材料打印的研究方法,并总结了多材料组合选择的经验法则。

表6.1 选定术语的出现次数及相关性得分

序号	术语	出现次数	相关性得分
1	Accuracy(精确度)	21	0.798 0
2	Actuator(致动器)	22	1.033 1
3	Complexity(复杂性)	22	0.912 2
4	Composite(复合材料)	25	0.552 4
5	Direct ink writing(墨水直写)	14	1.008 8
6	Electronic(电子的)	25	1.089 9
7	Extrution(挤出)	16	1.148 3
8	Flexibility(柔性)	19	0.551 9
9	Function(功能)	31	0.256 5
10	Functionality(功能性)	30	0.761 1
11	Hydrogel(水凝胶)	26	1.341 2

第6章 智能结构的双/多材料复合基质：ABS-PLA 与 ABS-PLA-HIPS 案例研究

续表

序号	术语	出现次数	相关性得分
12	Integration（一体化）	24	1.006 5
13	Manufacturing（制造）	77	0.412 8
14	Mechanical property（力学性能）	26	1.006 1
15	Multimaterial printing（多材料打印）	11	1.060 7
16	Multimaterial structure（多材料结构）	13	0.908 9
17	Multiple material（多材料）	13	1.708 5
18	Organ（器官）	14	1.690 1
19	Performance（性能）	36	0.499 5
20	Self（自发）	14	0.800 0
21	Sensor（传感器）	20	1.458 2
22	Soft robotic（软体机器人）	19	1.235 3
23	Stereo lithography（立体光刻技术）	18	0.411 0
24	Strength（强度）	19	1.138 4
25	Temperature（温度）	21	0.838 5
26	Tissue engineering（组织工程）	15	2.372 0

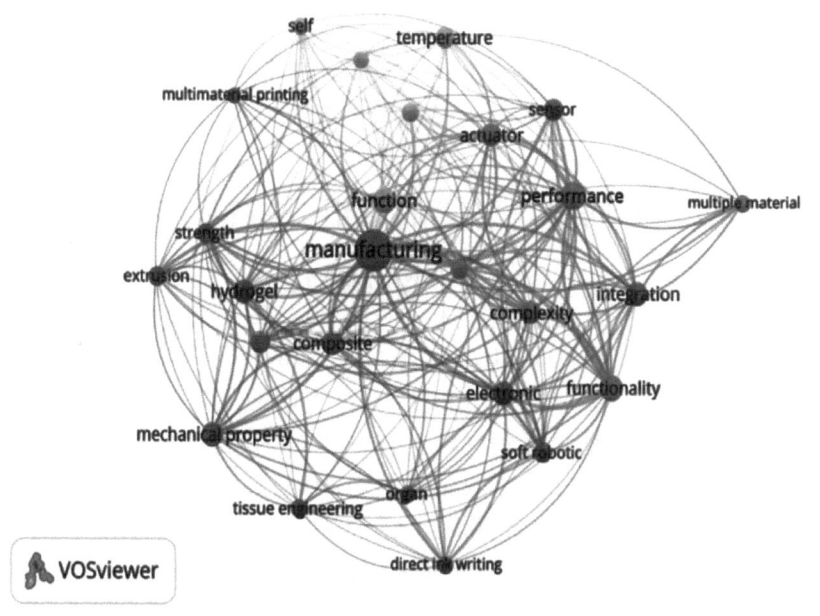

图 6.1 多材料 3D 打印的详细术语图谱

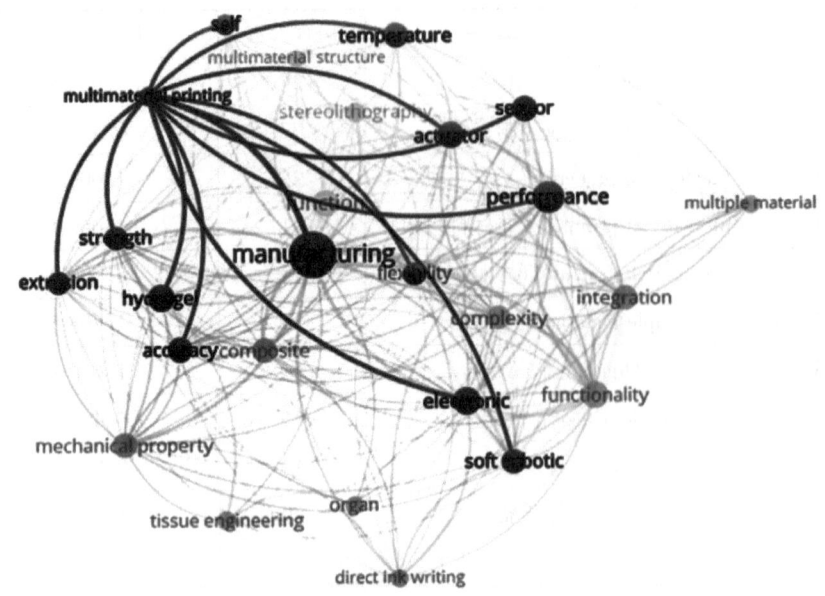

图 6.2 多材料 3D 打印的研究空白分析

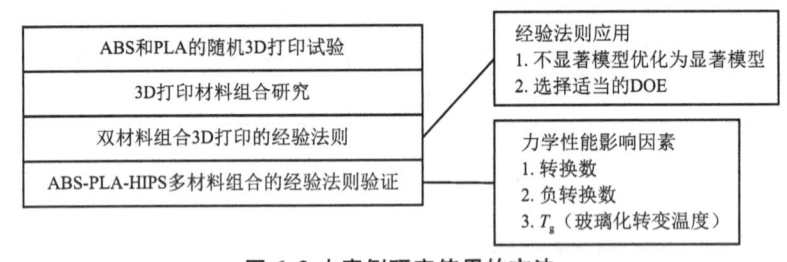

图 6.3 本案例研究使用的方法

6.2 不同组合方式的双组分材料 3D 打印案例研究

此前有一项关于在 FDM 3D 打印平台上使用 ABS 和 PLA 进行双组分材料打印的案例研究[23]。该研究分析了 12 种不同的 ABS 和 PLA 材料沉积组合（见表 6.2），尤其是双组分材料组合方式对 3D 打印样品力学性能的影响。图 6.4 展示了 ABS 和 PLA 双组分材料 3D 打印的样品。通过使用 UTM 测试机（制造商：印度浦那的 Shanta Engineering），对 3D 打印的样品进行了力学性能测试，而图 6.5（a）~图 6.5（d）则展示了不同样品的力学性能测试结果。UTM 测试结果表明，单材料 PLA 的拉伸强度最大（见图 6.5

(c)），而其他样品的力学性能则在很大程度上取决于层间的组合方式。研究发现，所选的不同 3D 打印组合中有两种沉积类型：①在 ABS 上沉积 PLA；②在 PLA 上沉积 ABS。对这两种沉积类型的效果进行分析后，结果表明，在第二种沉积类型中（即在 PLA 上沉积 ABS）得到的样品性能优于前者。因此，研究中将在 ABS 上沉积 PLA 视为负转换（NC），而将在 PLA 上打印 ABS 视为正转换（PC）。那么，在选取不同层数的样品进行 3D 打印时，必须充分考虑 NC 和 PC 的影响，否则可能会导致最终 3D 打印样品的力学性能不佳。这也许是由于 ABS 的玻璃化转变温度（T_g）（109.65 ℃）高于 PLA（64 ℃）。因此，当 ABS 作为沉积层材料打印在 PLA 基材上时，存在侧流现象，从而导致沉积层材料与基材 PLA 的适当融合。但是，在 PLA 作为沉积层材料打印在 ABS 基材上时，低玻璃化转变温度的 PLA 会在短时间内显著降低层间温度，造成 PLA 与 ABS 基材的融合不良现象。

在打印多于一个转换或多材料样品时，关注负转换数（NoNC）和转换数（NoC）至关重要。基于观察到的行为及 NoNC 和 NoC 的情况，表 6.3 列出了所选的 ABS 和 PLA 双材料组合 3D 打印的 NoNC 和 NoC 数据。

表 6.2 用于 3D 打印拉伸样品的不同 ABS 和 PLA 组合

样品序号	层间组合
1	PPPPPP
2	AAAAAA
3	PAPPAP
4	PPPAAP
5	PPPPAA
6	APAAPA
7	AAAPPA
8	AAAAPP
9	APAPAP
10	PPAPAA
11	AAPAPP
12	PPPAAA

注：P 表示 PLA，A 表示 ABS。

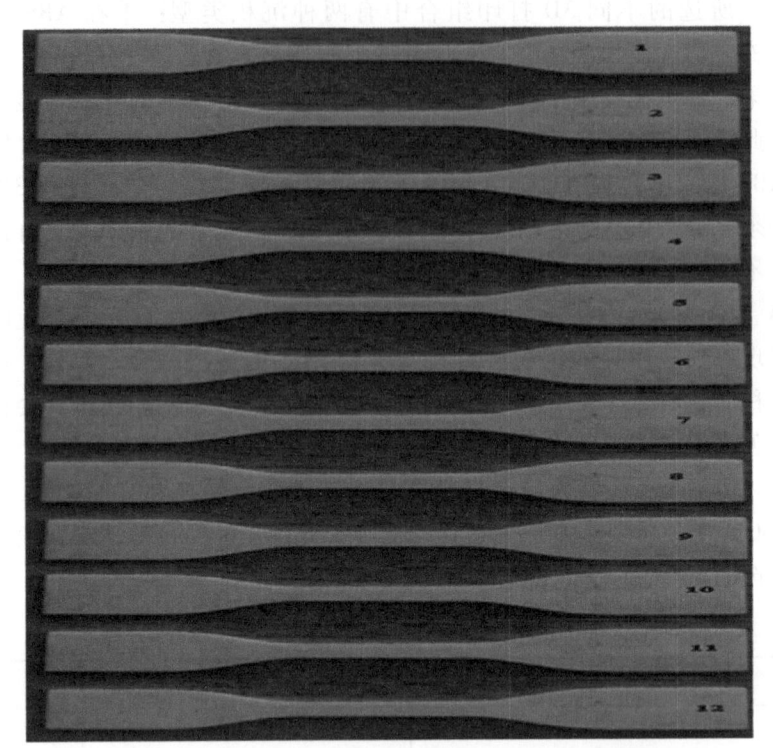

图 6.4 ABS 和 PLA 双材料组合的 3D 打印拉伸样品

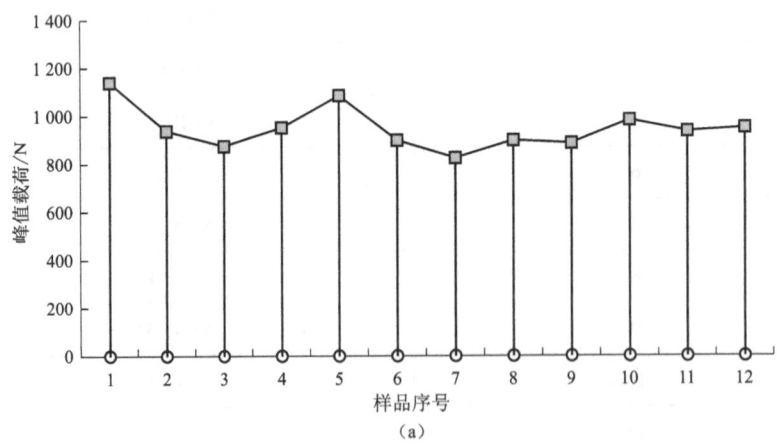

图 6.5 UTM 测试双材料 3D 打印样品的力学性能

(a) 峰值载荷

第6章 智能结构的双/多材料复合基质：ABS-PLA 与 ABS-PLA-HIPS 案例研究

图 6.5 UTM 测试双材料 3D 打印样品的力学性能（续）
（b）断裂载荷；（c）峰值强度；（d）断裂强度

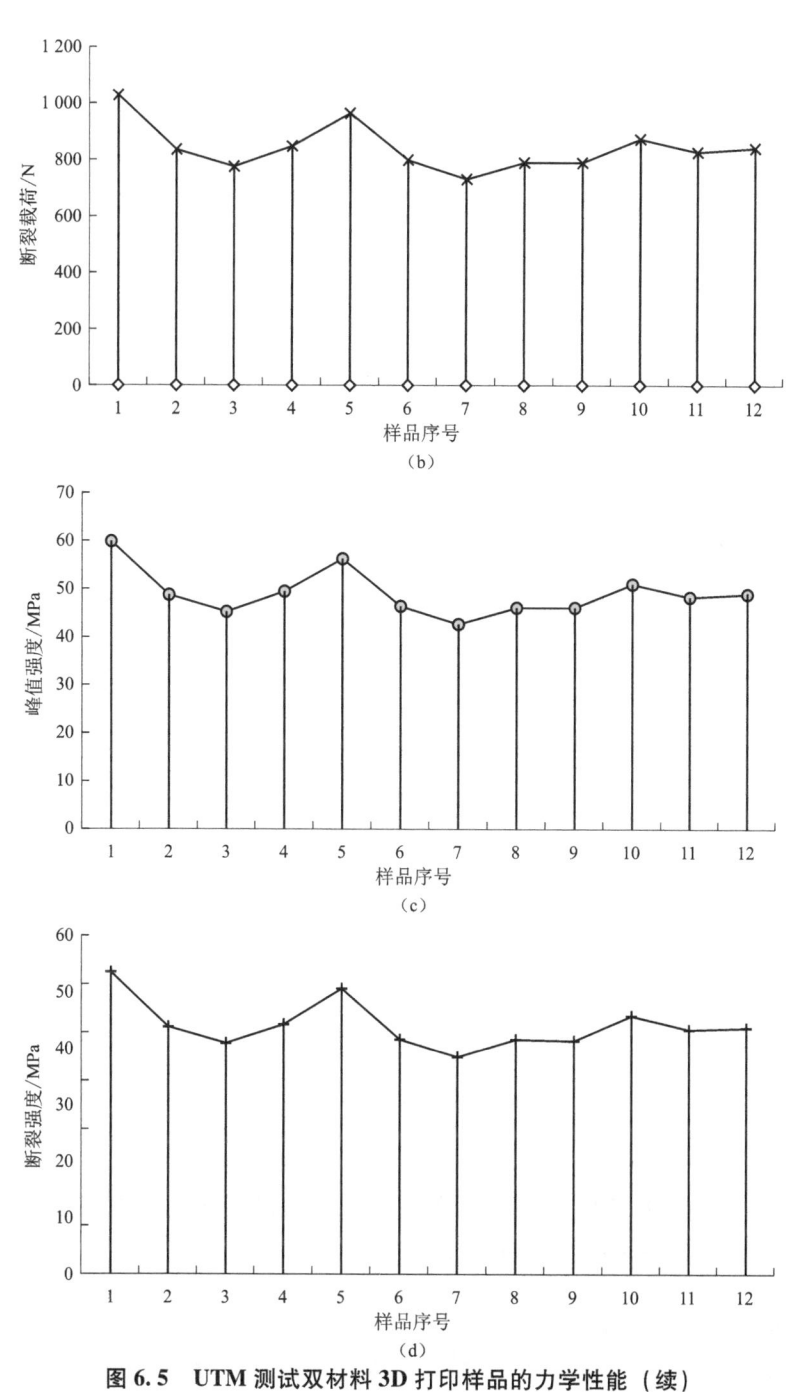

表 6.3 ABS 和 PLA 组合材料的 NoC 与 NoNC

样品序号	层间组合	NoC	NoNC
1	PPPPPP	0	0
2	AAAAAA	0	0
3	PAPPAP	4	2
4	PPPAAP	2	1
5	PPPPAA	1	0
6	APAAPA	4	2
7	AAAPPA	2	1
8	AAAAPP	1	1
9	APAPAP	5	3
10	PPAPAA	3	1
11	AAPAPP	3	2
12	PPPAAA	1	0

6.3 根据案例研究总结经验法则

根据观察到的双材料 3D 打印的规律，可以总结出多材料 3D 打印的经验法则。在选择 3D 打印材料组合时，必须考虑材料的 T_g。T_g、NoNC 和 NoC 这三个关键参数显著影响样品的力学性能，在选择实验设计（DOE）时必须予以充分重视。必须考虑到 NoNC 可能会损害材料的力学性能，因此，在多材料 3D 打印中选择 DOE 时应减少 NoNC。

6.4 经验法则验证

6.4.1 经验法则的案例验证：基于 ABS/PLA 和高抗冲聚苯乙烯三种材料组合的双材料 3D 打印

Kumar 等[18,23]在研究中对结构工程应用的 ABS、PLA 和高抗冲聚苯乙烯（HIPS）不同组合进行了 3D 打印实验。表 6.4 展示了 Kumar 等[18,23]使用不同 ABS-PLA-HIPS 组合并选择不同 DOE 进行 3D 打印的结果。研究结果表明，填充速度对沉积量的贡献最大，填充密度位列第二，材料组合方式位列第三。此外，实验中所有参数均不显著，参数的 P 值均高于 0.05。这表明该研究未选取合适的 DOE，没有考虑到选择 3D 打印材料的组合方式，打印时随机地把材料相互组合，从而导致过程参数不显著。

表 6.4 ABS-PLA-HIPS 材料 3D 打印所使用的 DOE

样品序号	层间组合	填充密度/%	填充速度/(mm·s^{-1})	断裂载荷/N	断裂强度/MPa
1	APH	60	50	120	6.28
2	APH	80	60	161	8.43
3	APH	100	70	186	9.70
4	PHA	60	60	145	7.56
5	PHA	80	70	170	8.90
6	PHA	100	50	169	8.81
7	HAP	60	70	134	6.98
8	HAP	80	50	157	8.19
9	HAP	100	60	147	7.71

据观察，若在多材料 3D 打印中采用适当的标准（基于 T_g、NoNC 和 NoC），则可能得到显著的研究结果，其力学性能会优于 Kumar 等[18,23] 的结论。本研究中，NoNC 指的是在 ABS 或 HIPS 上打印 PLA 的三种材料组合（T_g(ABS) > T_g(HIPS) > T_g(PLA)）。从表 6.5 可见，样品 4~样品 6 的 NoNC 为 0，从而预计这三个样品的力学性能最佳。然而，观察到的趋势（见表 6.4）表明，样品 3 的力学性能最佳，这可能是因为该样品以 100% 的填充密度打印。样品 5 和 6 的打印填充密度分别为 80% 和 100%，也具有良好的力学性能。但是样品 6 的 NoNC 为 0，填充密度为 100%，其力学性能在所有 3D 打印样品中排名第三，这主要是由于填充速度为 50 mm/s。因此可以推断，DOE 未能妥善搭配适当的材料和输入参数，导致结果不显著。要使模型结果显著，实验前适当选择 DOE 至关重要。对于多材料 3D 打印样品，填充速度和填充密度对其输出性能起着重要作用，必须选择合适的 DOE，并考虑 NoNC、NOC 及其他输入参数。用工具显微镜对 3D 打印样品进行分析，在 ABS 或 HIPS 基材上打印 PLA（NoNC 不为 0）时，低玻璃化转变温度的 PLA 在高玻璃化转变温度的 ABS 基材上发生侧流，造成沉积材料与基材融合不良的问题，最终导致较差的力学性能（见图 6.6）。样品 1

和样品 4 的 3D 渲染图像和表面粗糙度证实了这一观察结果，即 NoNC 不为 0 的 3D 打印样品（样品 1）的表面粗糙度较差，Ra 为 59.36 nm，而 NoNC 为 0 的样品（样品 4）的表面粗糙度较低，Ra 为 24.56 nm。

表 6.5　表 6.4 中材料组合的 NoNC 和 NoC

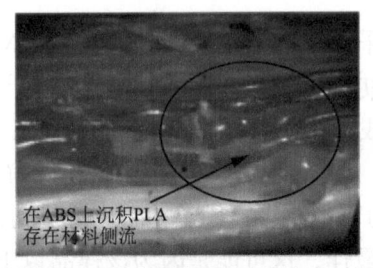

样品序号	层间组合	NoC	NoNC
1	APH	2	1
2	APH	2	1
3	APH	2	1
4	PHA	2	0
5	PHA	2	0
6	PHA	2	0
7	HAP	2	1
8	HAP	2	1
9	HAP	2	1

注：A 表示 ABS，P 表示 PLA，H 表示 HIPS。

(基底：ABS；中间层：PLA；顶层：HIPS)　(基底：PLA；中间层：HIPS；顶层：ABS)
样品1　　　　　　　　　　　　　　样品4
(a)

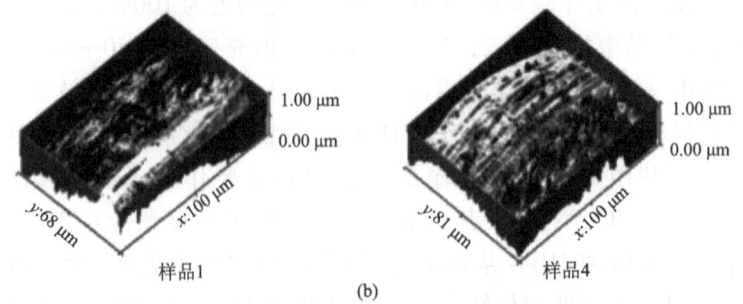

样品1　　　　　　　　　　　　　　样品4
(b)

图 6.6　样品 1 和 4 的工具显微镜图像、3D 渲染图像及表面粗糙度曲线
（a）样品 1 和样品 4 的工具显微镜图像；（b）样品 1 和样品 4 的 3D 渲染图像

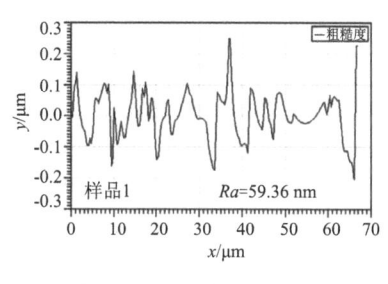

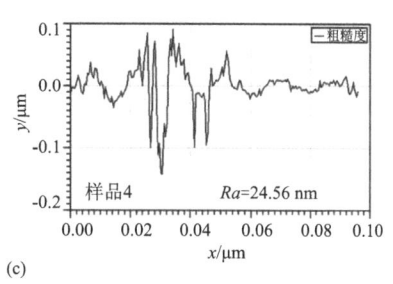

图 6.6 样品 1 和 4 的工具显微镜图像、3D 渲染图像及表面粗糙度曲线（续）

（c）样品 1 和样品 4 的表面粗糙度

6.4.2 考虑 NoC、NoNC 和其他输入参数的最佳条件和最差条件

（1）若在 DOE 中选择 100% 的填充密度、70 mm/s 的填充速度和 PHA 材料组合，可获得力学性能最佳的 3D 打印拉伸样品。

（2）同时考虑到 NoC、NoNC、填充密度和填充速度，对于 ABS，PLA 和 HIPS 这三种材料的组合，最不理想的条件为 AHP，NoNC＝2（在 ABS 上打印 HIPS，然后在 HIPS 上打印 PLA），填充密度为 60%，填充速度为 50 mm/s。

由于 Kumar 等[18,23] 研究所选的 DOE 不包含上述最佳和最差条件，因此其优化模型不显著。

6.5 总　　结

从以往关于双材料 3D 打印原型的研究中观察到，为了使样品力学性能更好，必须谨慎选择材料组合，在此基础上，进行了选择适当 DOE 的多材料组合的研究。从双材料 3D 打印的案例研究中，总结出一条经验法则：根据材料的 T_g 特性来考虑 NoC 和 NoNC，可以获得更佳的力学性能结果。这一经验法则在 Kumar 等[18,23] 先前的研究中得到了验证，但其优化模型不显著，通过应用经验法则，提出了 3D 打印的最佳和最差条件，使模型显著。此外，3D 打印样品的工具显微镜分析也支持总结出的经验法则。

参 考 文 献

[1] Mansouri MR, Montazerian H, Schmauder S, Kadkhodapour J. 3D-printed

multi-material composites tailored for compliancy and strain recovery. Composite Structures 2018, 184: 11-17.

[2] Li F, Macdonald NP, Guijt RM, Breadmore MC. Increasing the functionalities of 3D printed microchemical devices by single material, multimaterial, and print-pause-print 3D printing. Lab on a Chip 2019, 19 (1): 35-49.

[3] Sitthi-Amorn P, Ramos JE, Wangy Y, Kwan J, Lan J, Wang W, et al. MultiFab: a machine vision assisted platform for multi-material 3D printing. ACM Transactions on Graphics (Tog) 2015, 34 (4): 1.

[4] Begolo S, Zhukov DV, Selck DA, Li L, Ismagilov RF. The pumping lid: investigating multi-material 3D printing for equipment-free, programmable generation of positive and negative pressures for microfluidic applications. Lab on a Chip 2014, 14 (24): 4616-4628.

[5] Zhang YF, Ng CJ, Chen Z, Zhang W, Panjwani S, Kowsari K, et al. Miniature pneumatic actuators for soft robots by high-resolution multimaterial 3D printing. Advanced Materials Technologies 2019, 4 (10): 1900427.

[6] Tibbits S. 4D printing: multi-material shape change. Architectural Design 2014, 84 (1): 116-121.

[7] Emon MO, Alkadi F, Philip DG, Kim DH, Lee KC, Choi JW. Multi-material 3D printing of a soft pressure sensor. Additive Manufacturing 2019, 28: 629-638 Aug 1.

[8] Lee J, Kim HC, Choi JW, Lee IH. A review on 3D printed smart devices for 4D printing. International Journal of Precision Engineering Manufacturing-Green Technol 2017, 4 (3): 373-383.

[9] Placone JK, Engler AJ. Recent Advances in Extrusion-Based 3D Printing for Biomedical Applications. Advanced Healthcare Materials 2018, 7 (8): 1701161.

[10] Chen T, Mueller J, Shea K. Integrated design and simulation of tunable, multi-state structures fabricated monolithically with multi-material 3D printing. Scientific Reports 2017, 7 (1): 1-8.

[11] Christ JF, Aliheidari N, Pötschke P, Ameli A. Bidirectional and stretchable piezoresistive sensors enabled by multimaterial 3D printing of carbon nanotube/thermoplastic polyurethane nanocomposites. Polymers 2019, 11 (1): 11.

[12] Coelho G, Chaves TM, Goes AF, Del Massa EC, Moraes O, Yoshida M. Multimaterial 3D printing preoperative planning for frontoethmoidal meningo-

[13] Hertafeld E, Zhang C, Jin Z, Jakub A, Russell K, Lakehal Y, et al. Multi-material three-dimensional food printing with simultaneous infrared cooking. 3D Print Additive Manufacturing 2019, 6 (1): 13–19.

[14] Lipton J, Arnold D, Nigl F, Lopez N, Cohen D, Norén N, et al. Multi-material food printing with complex internal structure suitable for conventional post-processing. In Solid freeform fabrication symposium 2010, 9: 809–815.

[15] Sun J, Peng Z, Zhou W, Fuh JY, Hong GS, Chiu A. A review on 3D printing for customized food fabrication. Procedia Manufacturing 2015, 1: 308–319.

[16] Kumar S, Singh R, Singh M, Singh TP, Batish A. Multi material 3D printing of PLA-PA6/TiO_2 polymeric matrix: flexural, wear and morphological properties. Journal of Thermoplastic Composite Materials 2020; Sep 2: 0892705720953193.

[17] Kumar S, Singh R, Singh TP, Batish A. Flexural, pull-out, and fractured surface characterization for multi-material 3D printed functionally graded prototype. Journal of Composite Materials 2020, 54 (16): 2087–2099.

[18] Singh R, Kumar R, Farina I, Colangelo F, Feo L, Fraternali F. Multi-material additive manufacturing of sustainable innovative materials and structures. Polymers 2019, 11 (1): 62.

[19] Guo SZ, Qiu K, Meng F, Park SH, McAlpine MC. 3D printed stretchable tactile sensors. Advanced Materials 2017, 29 (27): 1701218.

[20] Shih B, Christianson C, Gillespie K, Lee S, Mayeda J, Huo Z, et al. Design considerations for 3D printed, soft, multimaterial resistive sensors for soft robotics. Frontiers in Robotics and AI 2019, 6: 30.

[21] Lind JU, Busbee TA, Valentine AD, Pasqualini FS, Yuan H, Yadid M, et al. Instrumented cardiac microphysiological devices via multimaterial three dimensional printing. Nature Materials 2017, 16 (3): 303–308.

[22] Tan JC, Low HY. Multi-materials fused filament printing with embedded highly conductive suspended structures for compressive sensing. Additive Manufacturing 2020, 36: 101551.

[23] Kumar R, Singh R, Farina I. On the 3D printing of recycled ABS, PLA and HIPS thermoplastics for structural applications. PSU Research Review 2018, 2 (2): 115–137.

第7章
PVDF-石墨烯-BaTiO$_3$复合材料的4D应用

Ravinder Sharma[1]，Rupinder Singh[2]，Ajay Batish[1]

1 印度，伯蒂亚拉，塔帕尔工程技术学院机械工程系
2 印度，昌迪加尔，国立技术教师培训与研究学院机械工程系

7.1 引　　言

AM/3D打印技术在批量生产中受到众多学科领域的关注[1-3]。AM工艺主要分为基于液态、固态和粉末状原材料的工艺[4]。在最常用的3D打印工艺中，半熔融态的原材料以层的形式沉积在之前沉积的材料上，该工艺一直持续至零件打印完毕[5-8]。AM工艺是完全可控的，最初程序以G代码形式保存，随后向3D打印机发送指令以完成零件的制备[9]。起初，3D打印工艺主要使用热塑性聚合物，然而现在，金属、智能材料以及聚合物和金属粉末的复合材料也通过AM技术加工[10,11]。FDM作为目前最为普及的3D打印技术之一，利用热塑性聚合物及其复合材料的原料长丝来制备最终产品[12-14]。近年来，3D打印工艺还使用了智能聚合物基复合材料[15]，这类材料能够在外部刺激下，按照预设的程序改变其外观形状和其他特性。

4D打印是3D打印工艺的进一步发展，时间被视作第四维度。4D打印使用与3D打印相同的技术来制备功能原型，但是，这类3D打印件的形状和其他物理特性会随时间的推移而改变[16,17]。用于4D打印的材料也称智能材料，能够在热、湿、电场、磁场、机械力等外部因素的影响下，根据预设的程序发生形状变化[18-22]。4D打印主要分为两大类。

（1）自主4D打印。在自主4D打印中，不需要其他外部干预来改变材料。这类材料会随着大气温度或湿度等变化进行自主反应。

（2）非自主4D打印。在非自主4D打印中，需要一些外部触发因素对

材料进行充电，以实现转化过程。例如，施加电场、磁场或机械力等条件，材料会随着时间的推移而改变其特性[23-27]。

因此，在3D打印的初始阶段，将智能聚合物材料集成以制备结构，即可视为4D打印。智能材料已成为学术界和工业界最具吸引力的研究领域之一[28,29]。

形状记忆聚合物、电活性聚合物（EAP）及其他智能聚合物在受到外界刺激时，能够在一段时间内改变其尺寸或物理性质[30-33]。EAP和压电聚合物在受到机械应力后会产生电荷；反之亦然，也即逆压电效应[34]。EAP通常应用于传感器领域，通过AM技术的集成可以轻松地将其模塑成任意形状[35]。

本研究中，运用VOSviewer软件包对Web of Science数据库中的文献进行了分析，使用的三个关键词为PVDF聚合物、压电性能和AM。使用VOSviewer软件（版本1.6.16），检索并下载了119篇".ris"格式的研究论文/文章/章节。通过此次文献分析，识别出了33 810个术语。设定出现次数至少为5的阈值，共有88个术语满足条件。VOSviewer软件推荐了最适合的53个术语，最终选取了40个术语进一步建立映射和关联。这40个术语分为4个不同颜色的群组（红色、绿色、蓝色和黄色）。表7.1展示了这些选定术语在标题和摘要中的出现次数，以及衡量与输入关键词间的相似性的相关性得分。

表7.1 选定术语的出现次数和相关性得分

序号	术语	出现次数	相关性得分
1	3D printing（3D打印）	17	0.232 4
2	Addition（增加）	9	0.190 6
3	Additive manufacturing（增材制造）	5	1.083
4	Analysis（分析）	8	1.175 2
5	Application（应用）	23	0.273
6	Barium titanate（钛酸钡）	6	1.026 2
7	Beta phase（贝塔相）	6	1.036 2
8	Composite（复合材料）	12	1.157 1
9	Degrees ℃（摄氏度,℃）	6	2.482 5
10	Deposition modeling（沉积建模）	6	0.893 8
11	Device（装置）	19	0.689

续表

序号	术语	出现次数	相关性得分
12	Effect（效应）	9	1.333 8
13	Electric field（电场）	10	0.660 8
14	Energy harvesting（能量收集）	6	1.454 4
15	Fabrication（制备）	10	0.251 7
16	FDM	6	0.893 8
17	Frequency（频率）	5	3.887 1
18	Low cost（低成本）	6	1.880 5
19	Order（顺序）	6	0.796 3
20	Paper（纸张）	13	0.757 9
21	pC/N	12	1.455 7
22	Piezoelectric coefficient（压电系数）	7	1.398
23	Piezoelectric property（压电性能）	13	0.425 6
24	Poling（极化）	9	0.443 9
25	Poly（构词）多，复，聚	7	2.231 1
26	Polymer（聚合物）	17	0.262
27	Polyvinylidene fluoride（聚偏二氟乙烯）	22	0.511 8
28	Printing（印刷）	12	0.561 3
29	Process（过程）	13	0.408 4
30	PVDF	38	0.241 1
31	PVDF film（PVDF 薄膜）	8	0.428 2
32	Self（自身的）	8	0.868
33	Sensing（传感）	9	0.754 5
34	Sensor（传感器）	24	0.371 8
35	Study（研究）	11	1.761 4
36	Technique（技术）	18	0.381
37	Temperature（温度）	13	0.322

第7章　PVDF-石墨烯-BaTiO₃复合材料的4D应用

续表

序号	术语	出现次数	相关性得分
38	Time（时间）	7	0.742 4
39	Vinylidene fluoride（偏二氟乙烯）	5	3.552 8
40	Work（工作）	12	0.723 8

图7.1使用VOSviewer展示了基于PVDF复合材料的文献关联分析图（参照表7.1）。值得注意的是，图中节点的大小和颜色反映了特定术语在相似研究中的出现次数及其所属群组。先前的研究形成了两个主要群组，分别用红色和绿色表示。如图7.1所示，众多研究聚焦于PVDF作为传感器材料用于能量收集的应用中。学者们采用多种工艺开发了基于PVDF的复合材料。此外，也有文献研究了3D打印聚合物基质，用于制备电场中的功能性/非功能性零件。

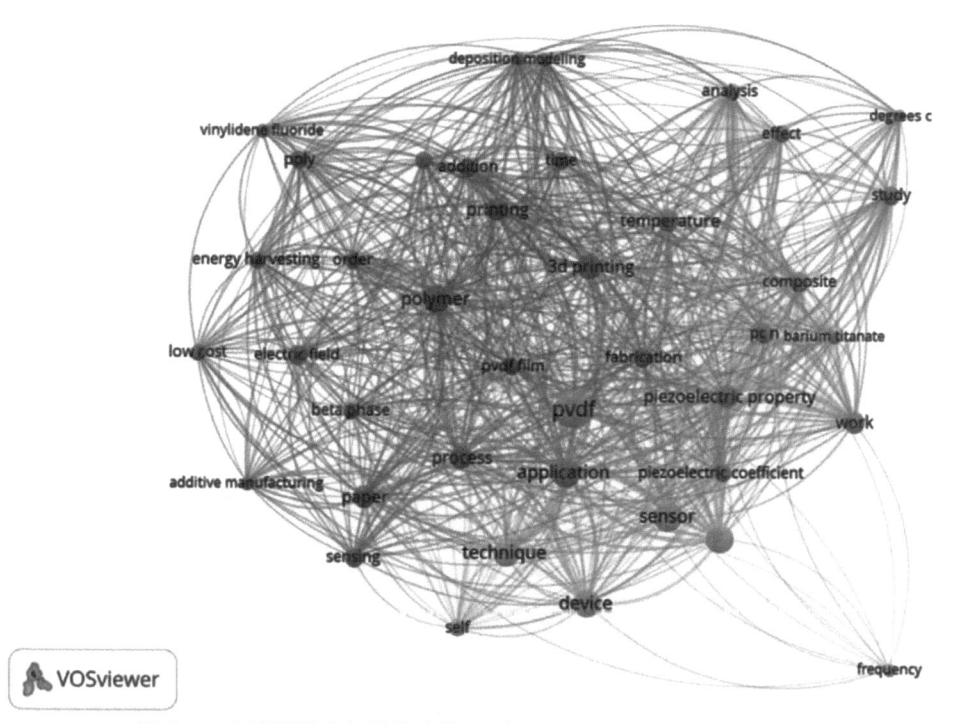

图7.1　文献图谱分析及选定的40个术语之间的联系（附彩图）

图7.1展示了文献图谱分析和40个选定术语之间的联系。单击AM节点，可以回顾该领域的先前研究。同样，单击PVDF聚合物和压电性能节点，可以查看相关先前研究，如图7.2（a）~（c）所示。

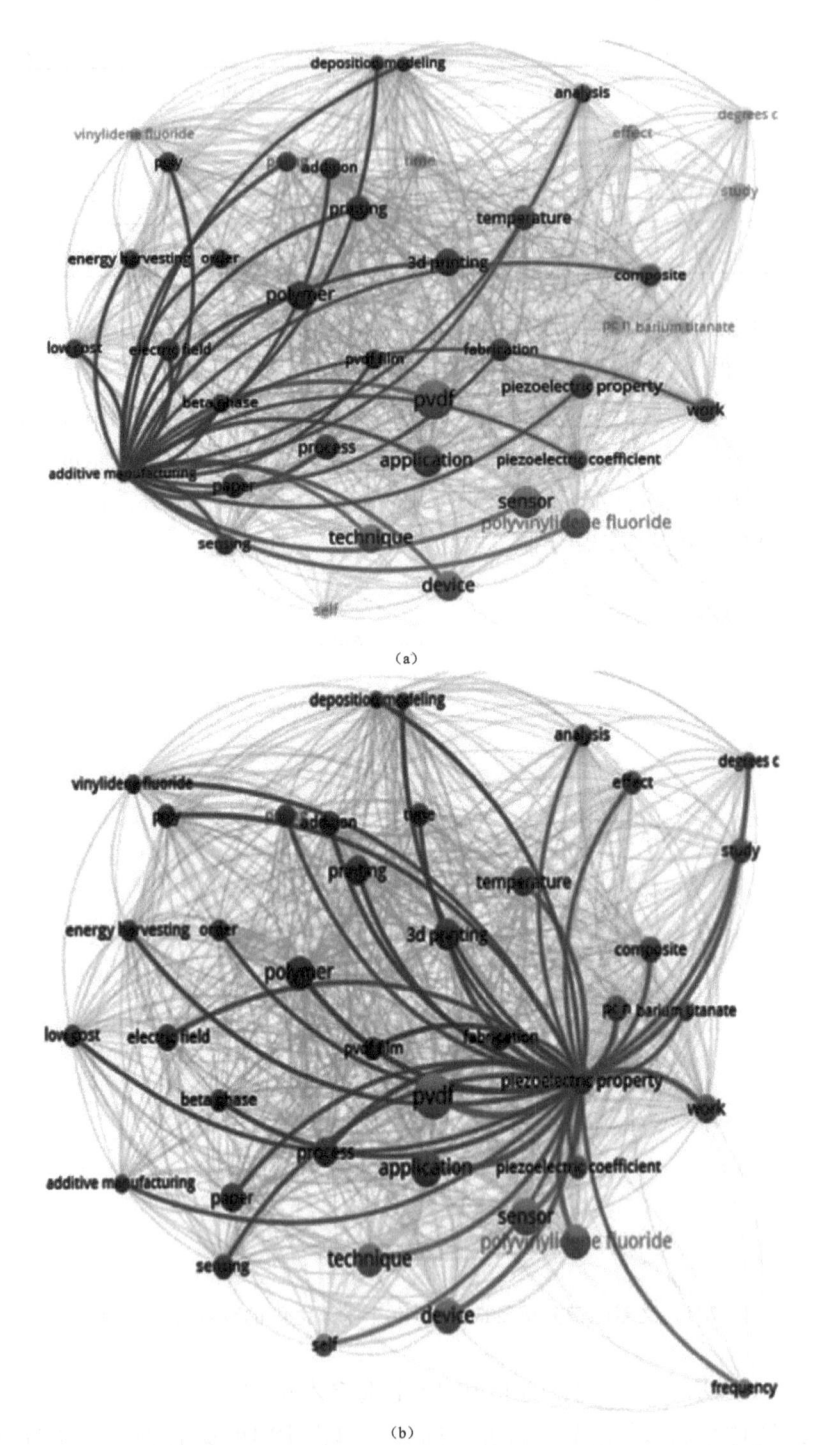

图 7.2 通过选择增材制造、压电性能和 PVDF 为节点分析研究空白
(a) 增材制造；(b) 压电性能

第 7 章　PVDF-石墨烯-BaTiO$_3$ 复合材料的 4D 应用

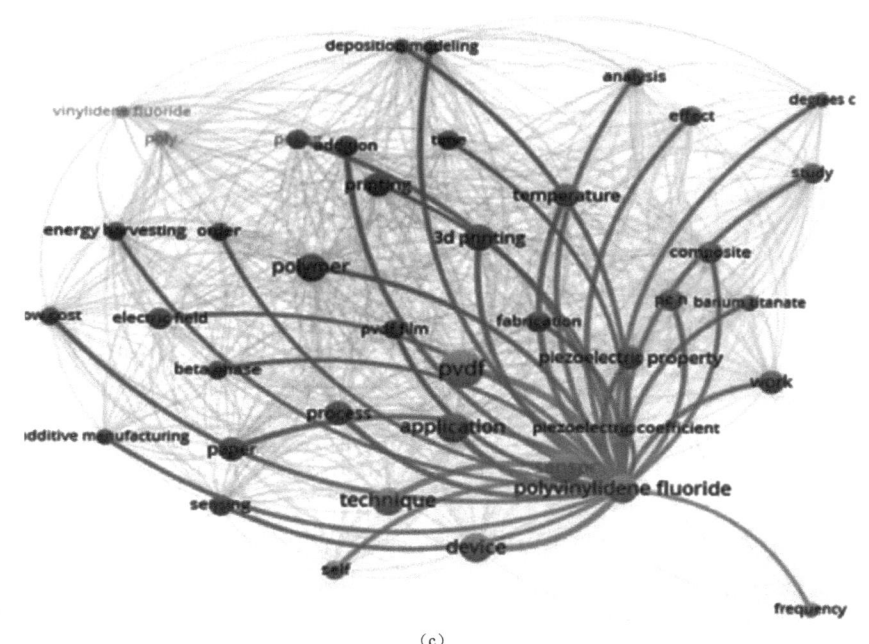

(c)

图 7.2　通过选择增材制造、压电性能和 PVDF 为节点分析研究空白（续）

(c) PVDF

根据图 7.2（a）~（c）已经确定，可以通过 3D 打印技术，在 PVDF 基质中加入 BaTiO$_3$ 和石墨烯作为增强材料，来制备压电设备，以用于 4D 应用。

文献综述表明，AM 技术已广泛应用于多个领域，利用各类热塑性聚合物快速制造零部件和结构件。然而，关于使用 FDM 技术制备智能聚合物功能原型产品的研究仍然较少。本研究中，在 TSE 的辅助下，将 PVDF、石墨烯和 BaTiO$_3$ 压电陶瓷组成的原料长丝进行化学共混。此外，制备的丝材可在 FDM（一种开源 3D 打印机）设备上使用，用于制备标准样品。针对 3D 打印件的表面硬度（SH）优化了 FDM 工艺参数，并针对潜在的 4D 应用，测量了压电系数（D_{33}）。

本研究采用的方法如图 7.3 所示。

PVDF 本质上是一种半结晶聚合物，其聚合物链结构为 $[—CF_2—CH_2—]_n$。本研究使用的 PVDF 购买于当地供应商（印度古吉拉特邦的 Deval Enterprise）。BaTiO$_3$ 是一种白色陶瓷粉末，具有卓越的压电性能。因此，为了提升基质的压电系数，在其中添加 100 nm 粒径的 BaTiO$_3$ 粉末。同时，高导电性的石墨烯纳米粉末也与 PVDF 基质混合。为制备复合材料，采用了化学混合法。首先，

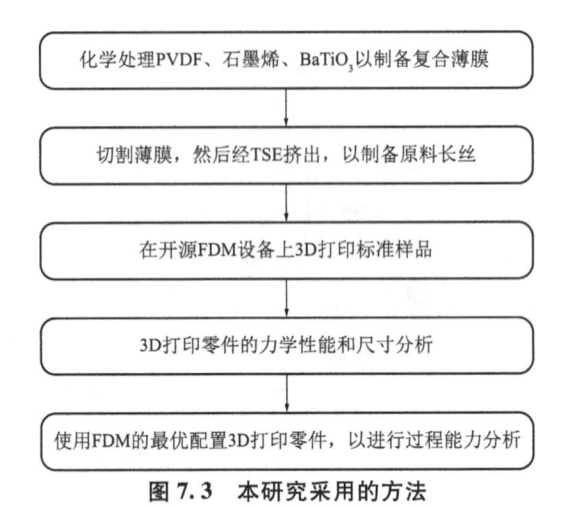

```
化学处理PVDF、石墨烯、BaTiO₃以制备复合薄膜
          ↓
切割薄膜，然后经TSE挤出，以制备原料长丝
          ↓
在开源FDM设备上3D打印标准样品
          ↓
3D打印零件的力学性能和尺寸分析
          ↓
使用FDM的最优配置3D打印零件，以进行过程能力分析
```

图 7.3　本研究采用的方法

使用热板式磁力搅拌器，将 PVDF 溶解在二甲基甲酰胺（DMF）中。随后，在 50 ℃的 DMF 溶液中对石墨烯纳米粉末和 BaTiO₃ 纳米颗粒进行超声处理 30 min。接着，将两种溶液混合并继续搅拌 30 min。将混合好的浆料倒在玻璃基板上，置于 120 ℃的热烘箱中烘干 12 h。图 7.4 展示了化学混合所使用的设备和制成的复合薄膜。

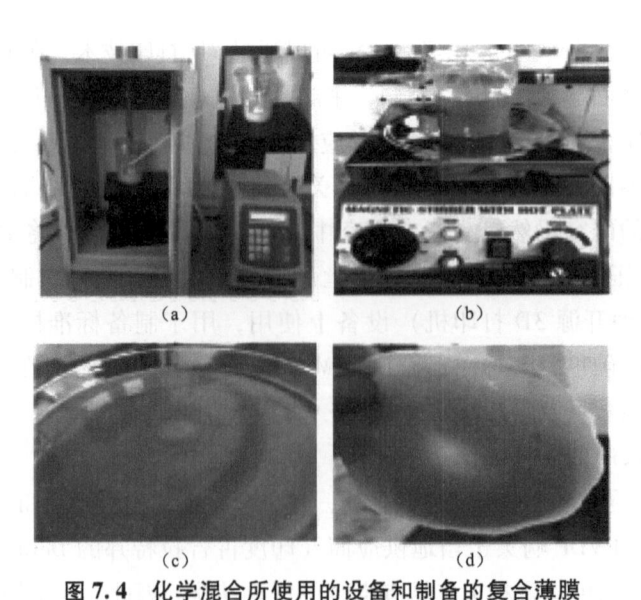

图 7.4　化学混合所使用的设备和制备的复合薄膜

（a）超声过程；（b）搅拌溶液；（c）将浆料倒在玻璃基板上加热；
（d）DMF 蒸发后的复合薄膜

制备原料长丝时，使用了 TSE。将化学混合法制备的薄膜切碎后送入 TSE（如图 7.5 所示）。制备好的 PVDF-石墨烯-BaTiO$_3$ 原料长丝将用于开源 FDM 机器，且不对软件/硬件进行任何修改。

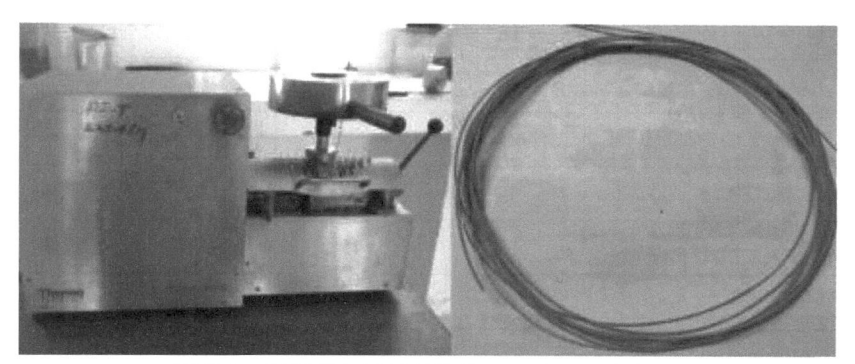

图 7.5 用于制备原料长丝的 TSE 和已制备长丝

根据之前的研究，在螺杆温度 180 ℃ 和螺杆转速 60 r/min 的条件下挤出 PVDF（83%）+BaTiO$_3$（15%）+石墨烯（2%）复合材料，表现出最佳的力学性能[32]。因此，原料长丝的挤出过程也采用了相似的参数。利用这些挤出的长丝，3D 打印了标准拉伸样品。制作标准样品所选定的 FDM 参数如表 7.2 所示。

表 7.2 FDM 的工艺参数（每个参数分为三个等级）

填充速度（IS）/（mm·s^{-1}）	填充角度（IA）/（°）	填充密度（ID）/%
1.50	1.00	1.60
2.70	2.45	2.80
3.90	3.90	3.10

为了减少试验误差并提高试验精度，本研究根据田口 L9 正交表制定了完整的试验设计方案，如表 7.3 所示。

表 7.3 基于田口 L9 的正交试验设计方案

试验 1		试验 2		试验 3	
IS	50	IS	50	IS	50
IA	0	IA	45	IA	90
ID	60	ID	80	ID	100

续表

试验 4		试验 5		试验 6	
IS	70	IS	70	IS	70
IA	0	IA	45	IA	90
ID	80	ID	100	ID	60
试验 7		试验 8		试验 9	
IS	90	IS	90	IS	90
IA	0	IA	45	IA	90
ID	100	ID	60	ID	80

3D 打印工艺采用了现有的 FDM 打印设备。主要选择了 IS、IA 和 ID 三个 FDM 可控参数,每个参数设有三个不同等级(见表 7.2)。其余工艺参数保持不变,以便评估力学性能。表面硬度采用邵氏 D 硬度计进行测量。制备的零件的邵氏 D 硬度范围为 65~77 HD。表 7.4 列出了制备的零件的硬度值。

表 7.4　制备的零件的表面硬度值

试验编号	IS/(mm·s^{-1})	IA/(°)	ID/%	邵氏 D 硬度/(HD)
1	50	0	60	73.25
2	50	45	80	74.48
3	50	90	100	76.89
4	70	0	60	71.57
5	70	45	80	72.57
6	70	90	100	69.84
7	90	0	60	72.04
8	90	45	80	65.07
9	90	90	100	66.34

7.2　结果和讨论

测量 3D 打印样品的表面硬度值后发现,在 IS 为最小值 50 mm/s、IA

为 90°和 ID 为 100%的条件下，获得了最佳表面硬度（见表 7.4）。表 7.5 展示了表面硬度的方差分析（ANOVA）表，结果显示，仅 IS 参数具有显著性，P 值小于 0.05，其他两个参数 IA 和 ID 在 95%的置信水平上不显著，因为 F 值未超过 20。数据残差小于 4%，表明模型具有显著性。

基于表 7.5 的数据，表 7.6 展示了在表面硬度的信号噪声比（S/N）越高越好的情况下，输入变量的排名。从排名表中可以看出，IS 对制备零件的邵氏 D 硬度的影响最为显著，ID 和 IA 分别位居第二和第三，而 IA 对表面硬度的影响不显著。

表 7.5　表面硬度的 ANOVA 表

因素	DoF	Seq SS	Adj SS	Adj MS	F	P	差异贡献度/%
IS	2	1.127	1.127	0.563	22.45	.043	65.67
IA	2	0.073	0.073	0.036	1.44	.409	4.2
ID	2	0.466	0.466	0.233	9.29	.097	27.15
残差	2	0.052	0.052	0.025			3.03
总计	8	1.718					

注 DoF：自由度；Seq SS：平方和；Adj SS：调整的平方和；Adj MS：调整的均方和；F：Fisher 值；P：概率。

表 7.6　FDM 变量排名

水平	IS	IA	ID
1	37.48	37.18	36.82
2	37.06	36.97	36.99
2	36.62	37.01	37.36
Δ	0.87	0.21	0.56
等级	1	3	2

译者注：Δ 是每个因子的最大平均响应值与最小平均响应值之差，用来衡量某个变量在不同时间点或不同条件下的变化程度。

图 7.6 为表面硬度的 S/N 值图。可以发现，FDM 制备 PVDF+石墨烯+BaTiO₃ 复合材料的最佳变量为第一等级 IS（50 mm/s）、第一等级 IA（0°）和第三等级 ID（100%）。

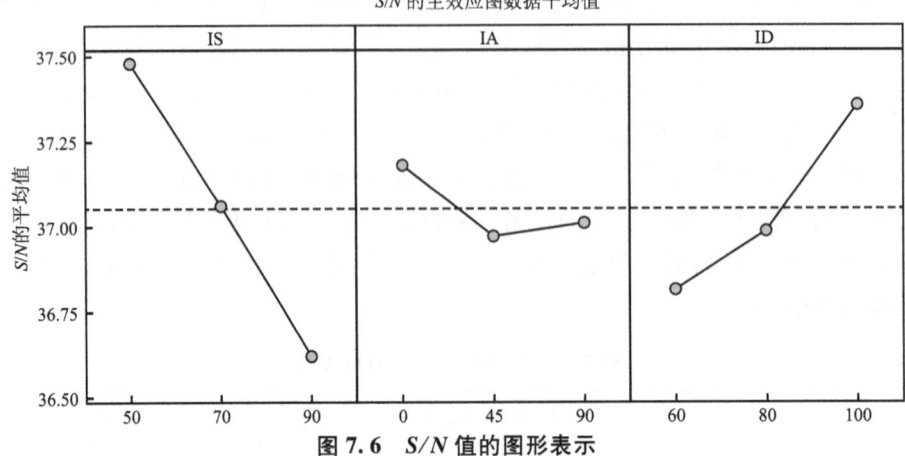

S/N 的主效应图数据平均值

图 7.6　S/N 值的图形表示

此外，基于 S/N 的观测结果，在越高越好的条件下，通过下列等式来计算邵氏 D 硬度的最佳值

$$\eta_{opt} = G + (G_A - G) + (G_B - G) + (G_C - G) \tag{7.1}$$

$$Z_{opt}^2 = (1/10)^{\eta_{opt}/10} \tag{7.2}$$

$$\gamma_{opt}^2 = (10)^{\eta_{opt}/10} \tag{7.3}$$

等式（7.2）用于越低越好的情况，而等式（7.3）用于越高越好的情况。因此，为计算最佳表面硬度值，使用了以下公式：

$\eta_{opt} = G + (G_A - G) + (G_B - G) + (G_C - G)$

$\gamma_{opt}^2 = (10)^{\eta_{opt}/10}$（当该式取最大值时，计算结果最好）

$G = S/N$ 的平均值 = 37.05

G_A = 排名表中 IS 最大值 = 37.48

G_B = 排名表中 IA 最大值 = 37.18

G_C = 排名表中 ID 最大值 = 37.36

$\eta_{opt} = 37.05 + (37.48 - 37.05) + (37.18 - 37.05) + (37.36 - 37.05) = 37.92$

$$\gamma_{opt}^2 = (10)^{37.92/10}$$

$$\gamma_{opt} = 78.70 \text{ HD}$$

表面硬度的最佳值为 78.70 HD。在最佳条件下（即 IS 为 50 mm/s，IA 为 0°和 ID 为 100%），进一步开展了三次确认试验，表面硬度的观测值（78.50 HD）非常接近计算结果。

7.2.1　尺寸分析

表面硬度测试完成后，对制造的试样进行了尺寸分析。使用精度为两位小数的数字游标卡尺测量样品厚度。为了最大限度减少测量误差，每个样品进行了三次测量。将3D打印样品的平均厚度与拉伸样品的标准尺寸进行对比（见表7.7）。研究发现，在IS为70 mm/s、IA为90°和ID为100%的条件下，制备的零件偏差最小。然而，在IS为90 mm/s、IA为90°和ID为100%的条件下进行的3D打印试验，样品尺寸偏差最大。

表7.7 尺寸分析中观测的尺寸偏差

试验编号	IS/(mm·s^{-1})	IA/(°)	ID/%	T_1/mm	T_2/mm	T_3/mm	T_{avg}/mm	$T_{required}$/mm	ΔT/mm
1	50	0	60	2.91	2.99	3.04	2.98	3.2	0.22
2	50	45	80	2.98	3.05	3.12	3.05	3.2	0.15
3	50	90	100	3.10	3.12	3.20	3.14	3.2	0.06
4	70	0	60	3.10	3.15	3.19	3.14	3.2	0.05
5	70	45	80	3.05	3.01	2.97	3.01	3.2	0.19
6	70	90	100	3.19	3.0	3.26	3.15	3.2	0.05
7	90	0	60	3.21	3.05	3.04	3.10	3.2	0.10
8	90	45	80	2.99	2.85	3.10	2.98	3.2	0.22
9	90	90	100	2.80	3.10	2.83	2.91	3.2	0.29

译者注：T_1、T_2、T_3分别为三次测量厚度的结果；T_{avg}为三次测量值的平均值；$T_{required}$为标准样品的厚度；ΔT为测试样品的平均厚度和标准尺寸的偏差。

最后，在FDM最佳条件下（IS为50 mm/s，IA为0°，ID为100%），3D打印了10件标准拉伸样品，并进行了3D打印参数的过程能力分析。对3D打印的功能原型进行邵氏D硬度测试和量纲分析，力学性能测试结果以邵氏D硬度和尺寸偏差的形式记录，用于进行过程能力分析（见表7.8）。

根据表7.8的数据，计算了C_p和C_{pk}（见表7.9）。如图7.7所示，通过直方图和正态概率图展示了3D打印样品邵氏D硬度和尺寸偏差，即为过程能力分析结果。邵氏D硬度的直方图显示，观测值分布在统计上限（USL）和统计下限（LSL）之间，钟形曲线表示观测结果服从正态分布。另外，在正态概率图中，所有峰值强度的数值都靠近正态线，说明制备过程处于受控状态。

表7.8 3D打印样品的邵氏D硬度和尺寸分析

样品编号	邵氏D硬度	尺寸偏差/mm
1	78.50	0.10

续表

样品编号	邵氏 D 硬度	尺寸偏差/mm
2	78.20	0.05
3	78.78	0.08
4	78.69	0.10
5	78.85	0.04
6	78.48	0.08
7	78.34	0.09
8	78.74	0.05
9	78.90	0.06
10	78.28	0.04

表 7.9　3D 打印样品的过程能力分析结果

标准偏差	邵氏 D 硬度	尺寸偏差
	0.227 42	0.019 493
C_p	1.17	1.28
C_{pk}	1.06	1.18

注：（1）C_p 和 C_{pk} 度量了与平均性能的一致性。"k"代表"集中因子"。该指数考虑了数据可能不集中的情况。

（2）对于 3D 打印样品：①对于邵氏 D 硬度，上限和下限分别为 79.3 和 77.7；②对于尺寸偏差，上限和下限分别为 0.15 和 0.00。

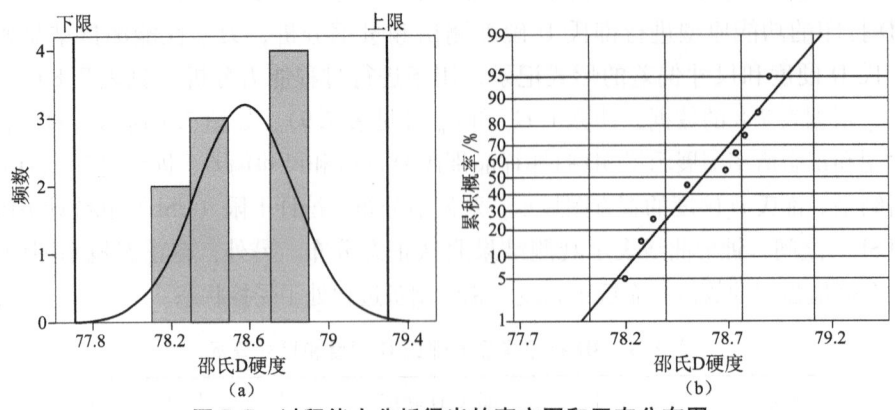

图 7.7　过程能力分析得出的直方图和正态分布图

(a) 邵氏 D 硬度直方图；(b) 邵氏 D 硬度正态概率图

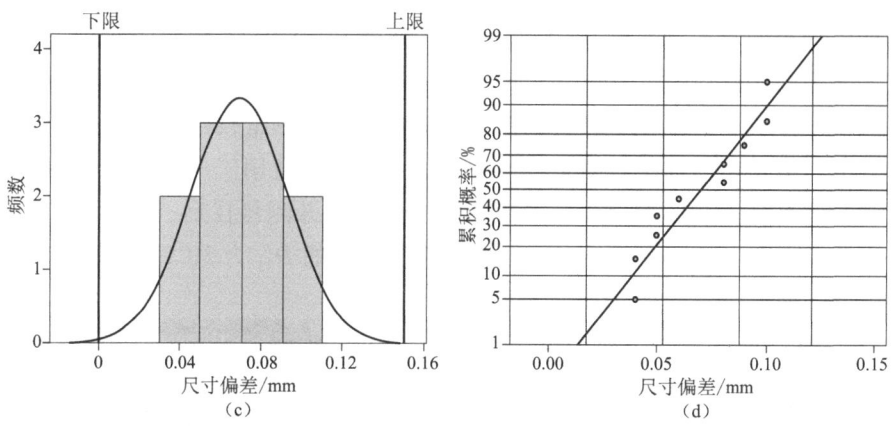

图 7.7 过程能力分析得出的直方图和正态分布图（续）

（c）尺寸偏差直方图；（d）尺寸偏差正态概率图

7.2.2　3D 打印压电传感器

利用 FDM 最佳条件 3D 打印薄圆柱盘，以评估开发的复合材料的 4D 特性，圆盘直径为 10 mm，厚度为 0.4 mm。3D 打印过程中，喷嘴温度维持在 260 ℃，打印床温度维持在 80 ℃。为防止喷嘴开口内复合材料的烧蚀和堵塞，材料沉积速率设定在较高水平。成功制备出薄圆柱盘后，在圆盘的上下表面涂覆银漆以使其导电。由于电极化在高温下进行，所以使用了耐高温银漆。通过在圆盘上施加高压电场，进行 PVDF 的 β 相转换。为避免在高压下发生任何类型的击穿，样品在极化时浸入硅油。电极化过程中，温度维持在 120 ℃。直流电极化单元的完整装置如图 7.8 所示。

图 7.8　样品电极化装置

本研究使用分辨率为 0.1 pC/N 的压电系数测量仪（型号 YE2730A，购自印度德里的本地制造商 Marine India），测量了 PVDF-石墨烯-BaTiO$_3$ 的 3D 打印薄膜的压电系数。这种测量仪可以直接测量压电陶瓷、聚合物和压电水晶的压电系数。电极化后，将圆盘放置于压电系数测量仪的下电极或两个探针之间。图 7.9 展示了压电系数测量仪的照片，以及用于测量压电系数的样品，探针夹持着制备出的涂覆了银漆的圆盘。打开测量仪后，显示了以 pC/N 为单位的压电系数（D_{33}）数值。3D 打印圆盘的 D_{33} 为 30.2 pC/N。

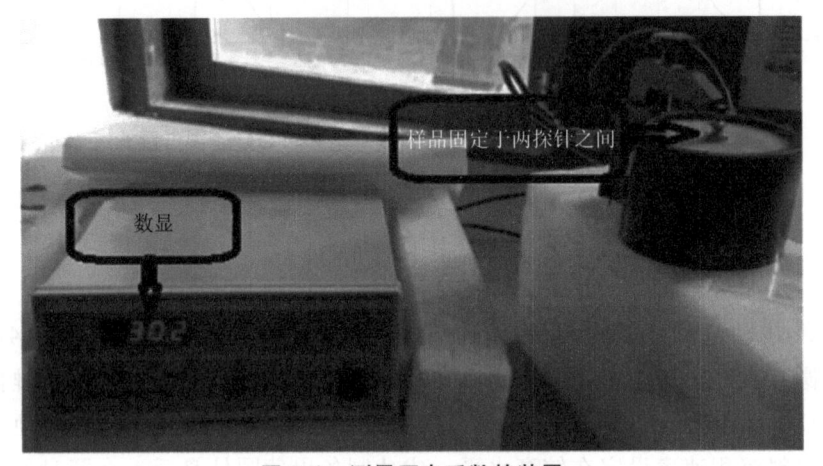

图 7.9 测量压电系数的装置

7.3 结 论

本研究在 PVDF 聚合物中掺杂导电的石墨烯粉末和 BaTiO$_3$ 压电陶瓷，制备了智能复合材料原料长丝，并在 FDM 设备中使用自制原料长丝制造了标准样品。研究得出以下结论。

（1）ANOVA 结果表明，IS 对制备零件的表面硬度有主要影响（即 65.67%），其次是 ID，影响占比仅 27%。IA 的影响不显著，P 值大于 0.05。尺寸分析结果表明，在 IS 为 70 mm/s、IA 为 90°和 ID 为 100%的条件下，样品的尺寸偏差最小。

（2）过程能力分析显示 C_p 和 C_{pk} 值均大于 1，说明在批量生产应用中，FDM 3D 打印样品的过程在统计上是受控的。

（3）3D 打印零件的压电系数为 30.2 pC/N，可以在 4D 打印应用中使用（如自组装、受控体积变化等领域）。

参 考 文 献

[1] Bundhoo ZM. Renewable energy exploitation in the small island developing state of Mauritius: current practice and future potential. Renewable and Sustainable Energy Reviews 2018, 82: 2029-2038.

[2] Azarpour A, Suhaimi S, Zahedi G, Bahadori A. A review on the drawbacks of renew able energy as a promising energy source of the future. Arabian Journal for Science and Engineering 2013, 38 (2): 317-328.

[3] Anton SR, Sodano HA. A review of power harvesting using piezoelectric materials (2003—2006). Smart materials and Structures 2007, 16 (3): R1.

[4] Tarelho JP, dos Santos MP, Ferreira JA, Ramos A, Kopyl S, Kim SO, et al. Graphene-based materials and structures for energy harvesting with fluids-A review. Materials Today 2018, 21 (10): 1019-1041.

[5] Shepelin NA, Glushenkov AM, Lussini VC, Fox PJ, Dicinoski GW, Shapter JG, et al. New developments in composites, copolymer technologies and processing techniques for flexible fluoropolymer piezoelectric generators for efficient energy harvesting. Energy & Environmental Science 2019, 12 (4): 1143-1176.

[6] Bowen CR, Kim HA, Weaver PM, Dunn S. Piezoelectric and ferroelectric materials and structures for energy harvesting applications. Energy & Environmental Science 2014, 7 (1): 25-44.

[7] Sharma R, Singh R, Batish A. Investigations for barium titanate and graphene reinforced PVDF matrix for 4D applications. Encyclopedia of Renewable and Sustainable Materials. ELSEVIER 2020; 366-375. Available from: https://doi.org/10.1016/B978-0-12-803581-8.11306-2.

[8] Damjanovic D, Newnham RE. Electrostrictive and piezoelectric materials for actua tor applications. Journal of Intelligent Material Systems and Structures 1992, 3 (2): 190-208.

[9] Sabry RS, Hussein AD. PVDF: ZnO/BaTiO$_3$ as high out-put piezoelectric nano generator. Polymer Testing 2019, 79: 106001.

[10] Liu Z, Xing Z, Wang H, Xue Z, Chen S, Jin G, et al. Effect of ZnO on the microstructure and dielectric properties of BaTiO$_3$ ceramic coatings prepared by plasma spraying. Journal of Alloys and Compounds 2017, 727:

696-705.

[11] He S, Dong W, Guo Y, Guan L, Xiao H, Liu H. Piezoelectric thin film on glass fiber fabric with structural hierarchy: an approach to high-performance, super flexible, cost-effective, and large-scale nanogenerators. Nano Energy 2019, 59: 745-753.

[12] Kuder IK, Arrieta AF, Raither WE, Ermanni P. Variable stiffness material and structural concepts for morphing applications. Progress in Aerospace Sciences 2013, 63: 33-55.

[13] Ghosh SK, Adhikary P, Jana S, Biswas A, Sencadas V, Gupta SD, et al. Electrospungelatin nanofiber based self-powered bio-e-skin for health care monitoring. Nano Energy 2017, 36: 166-175.

[14] Mehrban N, Teoh GZ, Birchall MA. 3D bioprinting for tissue engineering: stem cells in hydrogels. International Journal of Bioprinting 2016, 2 (1).

[15] Bera B, Sarkar MD. Piezoelectricity in PVDF and PVDF based piezoelectric nano generator: a concept. IOSR Journal of Applied Physics 2017, 9 (3): 95-99.

[16] Nalwa HS. Recent developments in ferroelectric polymers. Journal of Macromolecular Science, Part C: Polymer Reviews 1991, 31 (4): 341-432.

[17] Tamang A, Ghosh SK, Garain S, Alam MM, Haeberle J, Henkel K, et al. DNA-assisted β-phase nucleation and alignment of molecular dipoles in pvdf film: a realization of self-poled bioinspired flexible polymer nanogenerator for portable electronic devices. ACS Applied Materials & Interfaces 2015, 7 (30): 16143-7.

[18] Chen X, Han X, Shen QD. PVDF-based ferroelectric polymers in modern flexible electronics. Advanced Electronic Materials 2017, 3 (5): 1600460.

[19] Sharma R, Singh R, Batish A. On mechanical and surface properties of electroactive polymer matrix-based 3D printed functionally graded prototypes. Journal of Thermoplastic Composite Materials 2020. Available from: https://doi.org/10.1177/0892705720907677.

[20] Sharma R, Singh R, Batish A. Study on barium titanate and graphene reinforced PVDF matrix for 4D applications. Journal of Thermoplastic Composite Materials 2019. Available from: https://doi.org/10.1177/0892705719865004.

[21] Pal A, Sasmal A, Manoj B, Rao DP, Haldar AK, Sen S. Enhancement in

energy storage and piezoelectric performance of three phase (PZT/MWCNT/PVDF) com-posite. Materials Chemistry and Physics 2020, 244: 122639.

[22] Mangat AS, Singh S, Gupta M, Sharma R. Experimental investigations on natural fiber embedded additive manufacturing-based biodegradable structures for biomedical applications. Rapid Prototyping Journal 2018.

[23] Ranjan N, Singh R, Ahuja IP, Singh J. Fabrication of PLA-HAp-CS based biocom-patible and biodegradable feedstock filament using twin screw. Additive Manufacturing of Emerging Materials 2018; 325.

[24] Singh S, Ramakrishna S, Singh R. Material issues in additive manufacturing: a review. Journal of Manufacturing Processes 2017, 25: 185-200.

[25] Bourell DL, Rosen DW, Leu MC. The roadmap for additive manufacturing and its impact. 3D Printing and Additive Manufacturing 2014, 1 (1): 6-9.

[26] Sharma R, Singh R, Penna R, Fraternali F. Investigations for mechanical properties of HAp, PVC and PP based 3D porous structures obtained through biocompatible FDM filaments. Composites Part B: Engineering 2018, 132: 237-243.

[27] Singh R, Kumar R, Ranjan N, Penna R, Fraternali F. On the recyclability of polyamide for sustainable composite structures in civil engineering. Composite Structures 2018, 184: 704-713.

[28] Ranjan N, Singh R, Ahuja IP. Development of PLA-HAp-CS-based biocompatible functional prototype: a case study. Journal of Thermoplastic Composite Materials 2020, 33 (3): 305-323.

[29] Choi J, Kwon OC, Jo W, Lee HJ, Moon MW. 4D printing technology: a review. 3D Printing and Additive Manufacturing 2015, 2 (4): 159-167.

[30] Singh R, Sharma R, Davim JP. Mechanical properties of bio compatible functional prototypes for joining applications in clinical dentistry. International Journal of Production Research 2018, 56 (24): 7330-7340.

[31] Mohan N, Senthil P, Vinodh S, Jayanth N. A review on composite materials and process parameters optimisation for the fused deposition modelling process. Virtual and Physical Prototyping 2017, 12 (1): 47-59.

[32] Sharma R, Singh R, Batish A. On effect of chemical-assisted mechanical blen-ding of barium titanate and graphene in PVDF for 3D printing applications. Journal of Thermoplastic Composite Materials 2020. Available from: https://doi.org/10.1177/0892705720945377.

[33] Spaggiari A, Castagnetti D, Golinelli N, Dragoni E, ScirèMammano G. Smart materials: properties, design and mechatronic applications. Proceedings of the Institution of Mechanical Engineers, Part L: Journal of Materials: Design and Applications 2019, 233 (4): 734-762.

[34] Yu X, Cheng H, Zhang M, Zhao Y, Qu L, Shi G. Graphene-based smart materials. Nature Reviews Materials 2017, 2 (9): 1-3.

[35] Farina I, Sharma R, Singh R, Batish A, Singh N, Fraternali F, et al. Mechanical characterization of FDM filaments with PVDF matrix reinforced with graphene and barium titanate. IOP Conference Series: Materials Science and Engineering 2020, 999 (1): 012010.

第 8 章

水热刺激实现 PA6-Al-Al$_2$O$_3$ 复合材料的 4D 性能

Kamaljit Singh Boparai[1], Rupinder Singh[2]

1 印度，巴廷达，GZSCCET，MRS 旁遮普技术大学，机械工程系
2 印度，昌迪加尔，国立技术教师培训与研究学院机械工程系

8.1 引 言

4D 打印一词最初由 Tibbits[1] 在 2013 年提出。自那以后，4D 打印激发了学术界对智能材料的广泛关注。起初，4D 打印定义为 3D 打印技术与时间维度的结合，即 3D 打印结构能够随着时间的推移而改变其形状、性质和功能[2]。Momeni 等[3] 研究人员将其精炼地描述为 3D 打印结构在形状、性质及功能上的定向演变。4D 打印技术具备自组装、多功能性和自修复能力，其独特之处在于，这些特性主要受时间控制，与打印设备无关，并且具有可预测的响应性[4]。也就是说，当 3D 打印结构遭遇外部刺激（如水、热、光及其组合（如水热、热光、水光、磁场、pH 等））时，会引发动态的结构变化。图 8.1 阐释了 4D 打印的概念。

4D 打印技术的核心支柱包括 3D 打印机、外部刺激、刺激响应材料、交互机制和数学建模方法[3]。3D 打印机提供单材料或多材料的打印，以实现 3D 结构的打印。外部刺激触发 3D 打印件的形状、性质或功能发生转变，而激励的选取则基于期望的输出结果及 3D 打印机所用的原料长丝材料的响应类型。目前，研究人员已经对智能材料和刺激响应材料进行了深入研究，并根据它们的特性进行了分类，如自组装、自修复和形状记忆等。这些研究还提出了使用激励与材料的相互作用来实现 4D 打印的能力，这在其他领域是难以实现的。此外，数学建模可以辅助材料的分配及结构的设计过程，获得期望的形状、性质和功能。4D 打印技术可以采用单向编程，也可以采用双向编程，如图 8.2 所示。

图 8.1　4D 打印概念

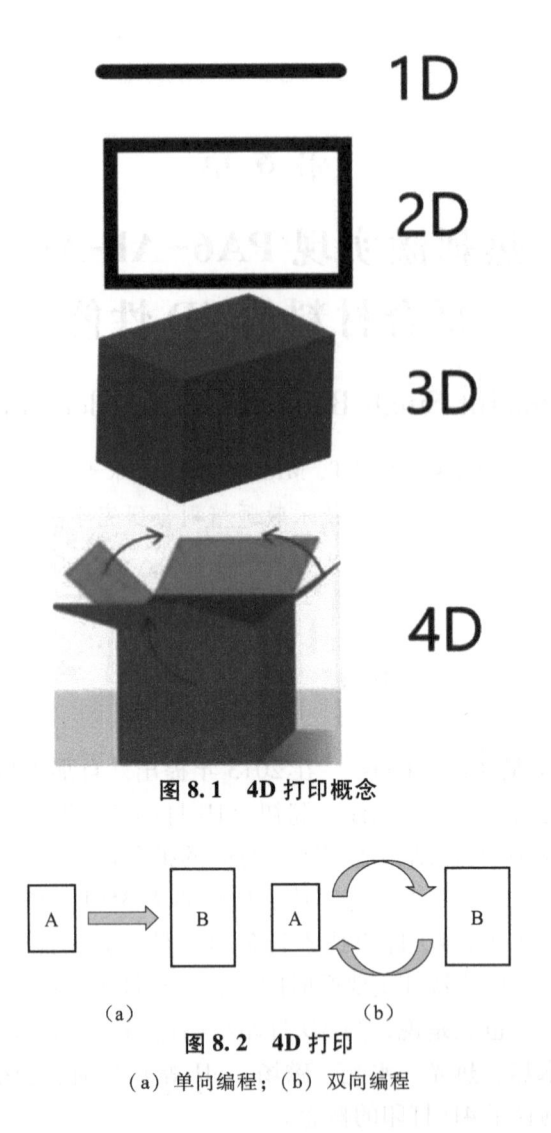

图 8.2　4D 打印
(a) 单向编程；(b) 双向编程

与 4D 打印技术紧密相关的 3D 打印技术包括自由曲面制造、数字墨水直写、喷墨打印、选择性激光烧结、数字光处理和立体光刻等。有研究特别强调了形状变化材料（SCM）等响应材料的应用[5-7]。形状变化材料可以进一步细分为形状记忆聚合物[8,9]、形状记忆合金[10-12]、形状记忆陶瓷[13-15]、形状记忆凝胶[16-18]及形状记忆复合材料[19-21]。

为了明确研究空白，在 Web of Science 数据库中对 2001—2020 年共 20 年的文献进行检索分析。首先，通过使用"4D 打印"作为关键词，在 Web of Science 核心集合中得到了 756 条结果。在这些结果中，选取了最近的 500 篇文献进行深入分析，并使用 VOSviewer（一款开源软件）进行文献目录分析并绘制网络图。

第 8 章　水热刺激实现 PA6-Al-Al$_2$O$_3$ 复合材料的 4D 性能

设定关键词的最小出现次数为 5，在 11 941 个术语中，有 588 个达到了这一阈值。基于这 588 个术语，计算了每个术语的相关性得分，并进一步选取了最相关的 60% 即 353 个术语进行分析。图 8.3 展示了 4D 打印关键词的网络图。通过图 8.3 可以识别出 4 个群组，分别代表了在特定应用领域中的主要研究成果。

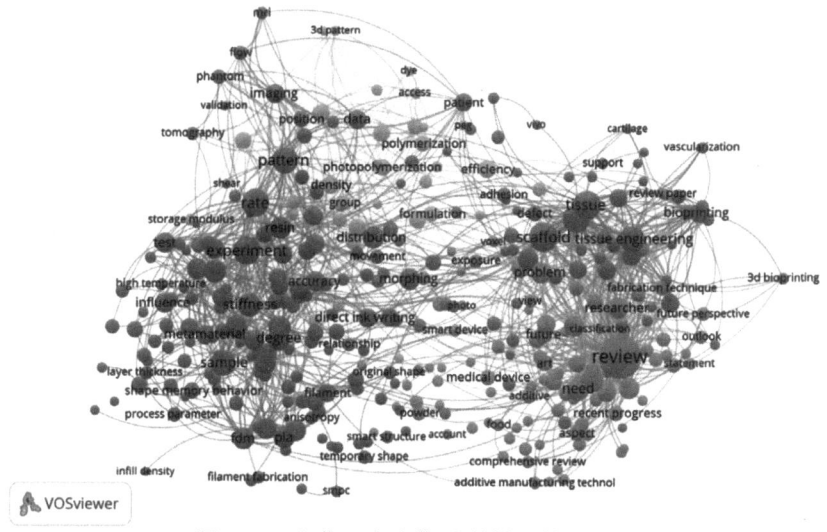

图 8.3　以"4D 打印"为关键词的网络图

为了进一步明确研究空白，图 8.4（a）~（c）展示了选择综述、FDM 和试验为节点进行的研究空白分析。

(a)

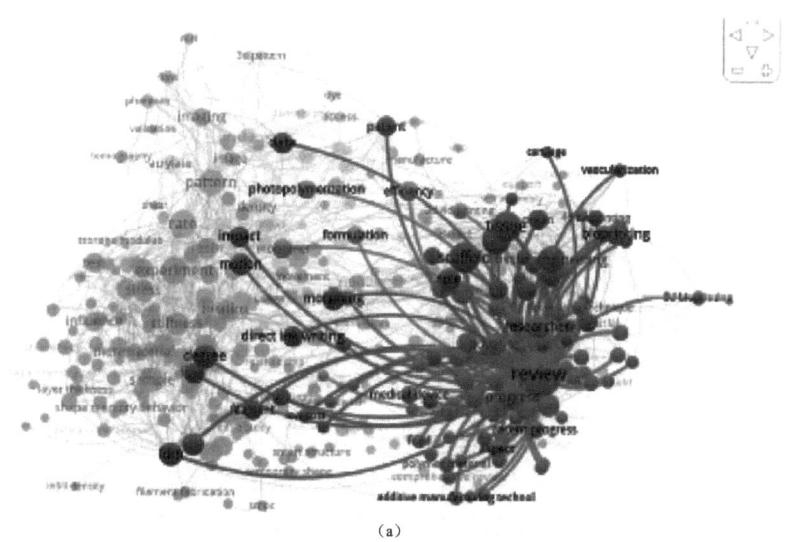

图 8.4　选择综述、FDM、试验为节点进行的研究空白分析

(a) 综述

(b)

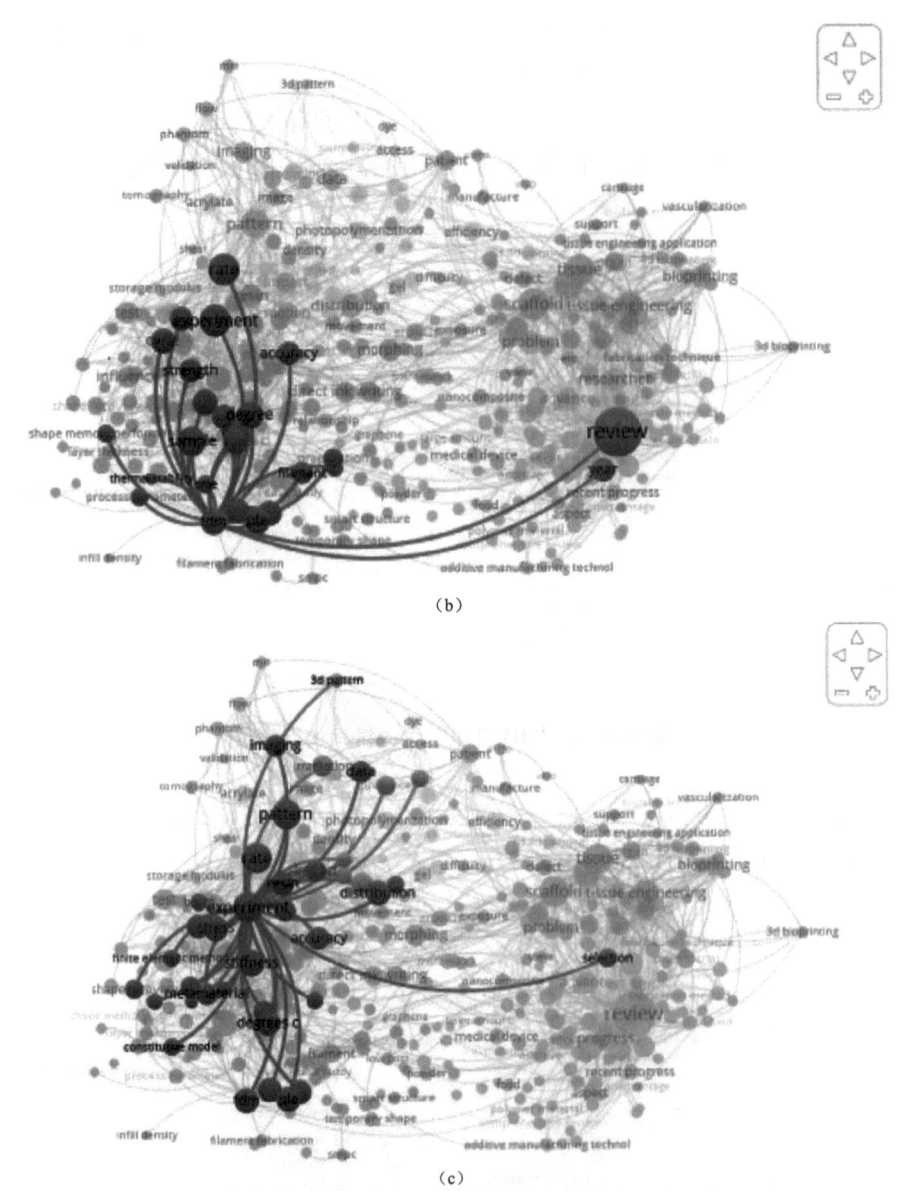

(c)

图 8.4 选择综述、FDM、试验为节点进行的研究空白分析（续）
(b) FDM; (c) 试验

继而，在 Web of Science 数据库中使用关键词"4D 性能"进行了检索，共搜索到 689 项相关结果。针对这一关键词，设定 5 作为最小出现次数的阈值，在 16 335 个术语中，有 515 个术语满足该条件。对这 515 个术语分别计算相关性得分，并从中筛选出 60% 即 309 个最相关的术语，以进行深入分

第 8 章　水热刺激实现 PA6-Al-Al$_2$O$_3$ 复合材料的 4D 性能

析。图 8.5 展示了"4D 性能"关键词的网络图。通过图 8.5 可以识别出 4 个群组，它们分别代表了在特定应用领域中的主要研究成果。

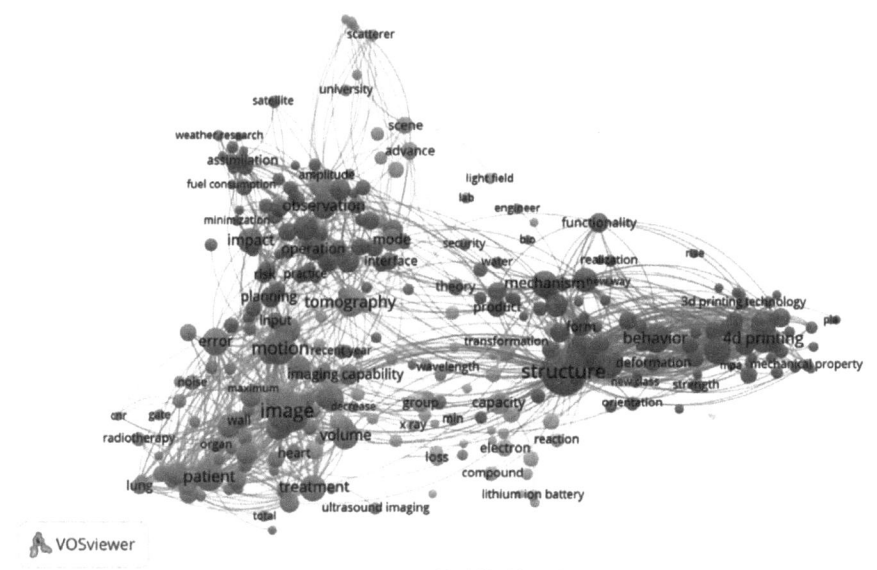

图 8.5　"4D 性能"的网络图

为了进一步明确研究空白，图 8.6（a）~（c）展示了选择 4D 打印、结构和机制为节点进行的研究空白分析。

(a)

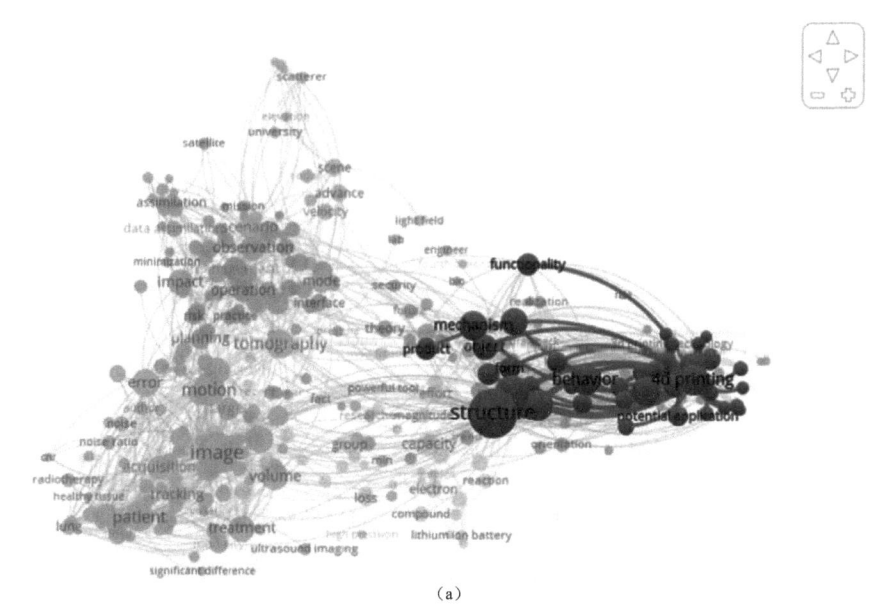

图 8.6　选择 4D 打印、结构、机制为节点进行的研究空白分析
（a）4D 打印

4D 打印基本原理与应用

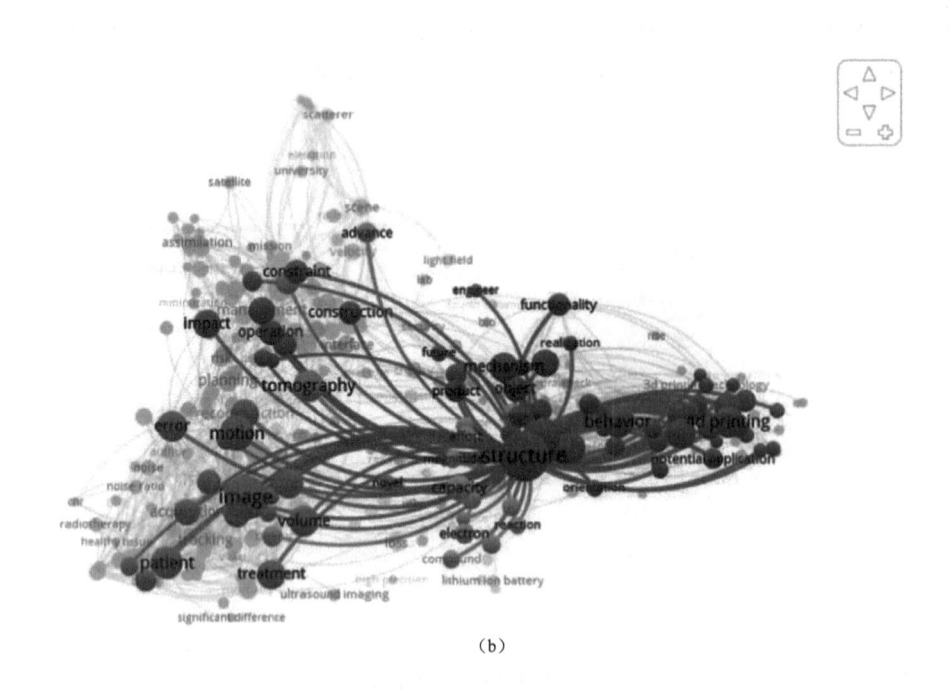

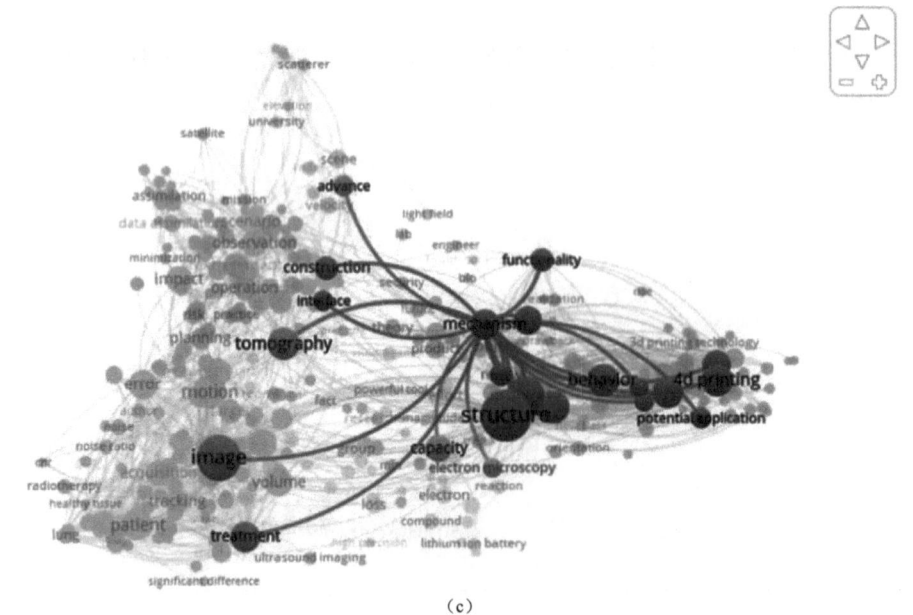

(b)

(c)

图 8.6 选择 4D 打印、结构、机制为节点进行的研究空白分析（续）
(b) 结构；(c) 机制

最终，以 "4D 打印中的刺激" 为关键词，在 Web of Science 的核心集合中搜索到了208项结果。同样地，将关键词的最小出现次数设定为5，在5 089个术语中，有259个满足该条件。对这259个术语分别计算了相关性得分，并分析了其中60%最相关的术语，共计155个（见表8.1）。图8.7展示了"4D打印中的刺激"关键词的网络图。通过图8.7可以识别出3个群组，分别代表了在特定应用领域中的主要研究成果。

表8.1 计算与关键词"4D打印中的刺激"的相关性得分

序号	术语	出现次数	相关性得分
1	3D bioprinting（3D生物打印）	6	4.743 4
2	3D printer（3D打印机）	8	0.883 9
3	4D bioprinting（4D生物打印）	8	3.917 3
4	4D printed object（4D打印对象）	5	0.862 9
5	4D printed structure（4D打印结构）	7	0.607 0
6	4D printing process（4D打印工艺）	7	0.711 6
7	4D printing technology（4D打印技术）	15	0.619 8
8	Fourth dimension（第四维度）	6	1.013 2
9	Active material（活性材料）	11	0.475 6
10	Additive manufacturing technique（增材制造技术）	6	1.123 2
11	Additive manufacturing technology（增材制造工艺）	5	1.053 0
12	Advance（进展）	14	0.545 6
13	Aerospace（航空航天）	7	0.709 0
14	Architecture（建筑）	12	0.295 1
15	Art（艺术）	8	1.118 5
16	Aspect（外观）	13	0.561 3
17	Attention（关注点）	10	0.626 7
18	Benefit（效益）	7	1.967 8
19	Bio（生物的）	5	1.111 7
20	Biocompatibility（生物相容性）	7	1.403 7
21	Biomedical application（生物医学应用）	9	0.798 1
22	Biomedical device（生物医学设备）	12	0.463 5

续表

序号	术语	出现次数	相关性得分
23	Biomedical engineering（生物医学工程）	5	0.916 5
24	Biomedical field（生物医学领域）	8	1.388 9
25	Biomedicine（生物医学）	5	0.775 0
26	Bioprinting（生物打印）	9	4.575 1
27	Cell（细胞）	13	1.750 1
28	Chemistry（化学）	8	0.920 5
29	Class（级别）	15	0.603 8
30	Color（颜色）	9	0.820 6
31	Composition（成分）	8	0.747 0
32	Comprehensive review（全面综述）	5	1.356 3
33	Configuration（设置）	14	0.433 7
34	Construct（结构）	11	3.000 6
35	Creation（创建）	7	0.703 7
36	Current challenge（当前的挑战）	6	1.258 0
37	Customization（自定义）	7	0.745 2
38	Deformation（形变）	32	0.494 7
39	Degree（度）	15	0.465 5
40	Degrees C（摄氏度）	11	0.758 0
41	Direct ink writing（墨水直写）	9	0.869 1
42	Distribution（分布）	14	0.438 1
43	Digital ink writing（数字墨水直写）	5	1.377 3
44	Drug delivery（药物递送）	11	0.693 5
45	Engineering（工程）	11	0.496 4
46	Environment（环境）	14	0.824 1
47	Evolution（演进）	11	0.823 7
48	Example（实例）	13	0.453 0
49	Experiment（试验）	12	0.527 2
50	Extrusion（挤出）	10	0.967 9

第8章 水热刺激实现 PA6-Al-Al$_2$O$_3$ 复合材料的 4D 性能

续表

序号	术语	出现次数	相关性得分
51	Fabrication method（制备方法）	6	1.458 8
52	Fused deposition modeling（熔融沉积成型）	5	1.585 5
53	Feasibility（可行性）	8	0.842 5
54	Flexibility（柔性）	7	0.716 6
55	Flower（花）	8	0.475 3
56	Focus（焦点）	10	0.738 0
57	Force（力）	15	0.423 3
58	Formation（成形）	7	1.558 3
59	Formulation（公式化）	8	1.189 5
60	Fourth dimension（第四维度）	16	0.643 1
61	Framework（框架）	10	0.625 2
62	Functional material（功能材料）	8	0.996 3
63	Future（未来）	7	0.762 8
64	Future application（未来应用）	7	1.567 9
65	Future perspective（未来观点）	9	3.707 4
66	Gel（凝胶）	9	1.147 1
67	Heating（热）	16	0.705 9
68	Humidity（湿度）	12	0.429 7
69	Improvement（改进）	7	0.736 5
70	Influence（影响）	8	0.582 4
71	Ink（墨水）	18	0.716 6
72	Intelligent material（智能材料）	7	0.670 5
73	Investigation（调研）	8	0.839 4
74	Lack（缺乏）	6	0.764 5
75	Large deformation（大形变）	5	1.350 0
76	Lce（液晶高弹聚合物）	6	1.775 5

139

续表

序号	术语	出现次数	相关性得分
77	Limitation（限制）	12	0.516 3
78	Liquid crystal elastomer（液晶弹性体）	7	1.405 0
79	Low cost（低成本）	6	1.626 5
80	Manufacturing（制造）	55	0.246 8
81	Medicine（医药）	7	1.038 2
82	Metal（金属）	6	1.091 2
83	Modulus（模量）	10	1.188 6
84	Morphing（变形）	7	0.911 7
85	Motion（运动）	12	0.457 4
86	Multimaterial（多材料）	6	1.810 7
87	Multiple material（多组分材料）	5	0.971 7
88	N isopropylacrylamide（N-异丙基丙烯酰胺）	9	0.980 8
89	New technology（新技术）	5	1.891 8
90	Number（数目）	8	0.855 8
91	Organ（器官）	7	2.169 1
92	Original shape（初始形状）	7	0.811 7
93	Outlook（前景）	8	0.714 9
94	Overview（概述）	10	0.704 9
95	Parameter（参数）	20	0.693 5
96	Past decade（前十年）	5	1.163 4
97	Pattern（模式）	22	0.342 7
98	Permanent shape（永久形状）	6	1.679 6
99	Pla（聚乳酸）	9	1.951 3
100	Poly（聚合物）	13	0.705 2
101	Polylactic acid（聚乳酸）	10	1.830 9
102	Practical application（实际应用）	9	0.656 4

第8章 水热刺激实现 PA6-Al-Al$_2$O$_3$ 复合材料的 4D 性能

续表

序号	术语	出现次数	相关性得分
103	Pre（前置）	6	0.519 5
104	Presence（存在）	6	1.019 2
105	Print（打印）	8	0.871 2
106	Printed object（打印对象）	8	0.580 0
107	Printer（打印机）	11	0.608 6
108	Printing method（打印方法）	10	0.331 5
109	Printing process（打印工艺）	11	0.666 8
110	Problem（问题）	11	0.491 6
111	Range（范围）	8	1.173 5
112	Rapid prototyping（快速成型）	7	1.356 4
113	Ratio（比例）	15	0.754 2
114	Recent advance（最新进展）	9	0.834 9
115	Recent year（近年）	8	0.884 7
116	Researcher（研究学者）	8	0.982 5
117	Responsive hydrogel（响应性凝胶）	7	0.849 0
118	Rheological property（流变学性质）	5	1.073 8
119	Robotic（机器人学）	33	0.242 0
120	Sample（样品）	9	1.229 4
121	Scaffold（支架）	13	0.893 7
122	Self-assembly（自组装）	5	2.528 4
123	Self-healing（自愈合）	7	0.876 7
124	Shape change（形状变化）	24	0.387 6
125	Shape memory（形状记忆）	6	1.216 0
126	Shape memory effect（形状记忆效应）	13	0.638 7
127	Shape memory material（形状记忆材料）	8	0.818 7
128	Shape morphing（形状渐变）	8	0.752 1
129	Shape recovery（形变回复）	6	0.756 4
130	Shape transformation（形状变换）	11	0.626 2

续表

序号	术语	出现次数	相关性得分
131	Size（尺寸）	8	0.638 5
132	Smart device（智能设备）	8	1.030 9
133	Smart textile（智能纺织品）	8	0.568 9
134	Sme（形状记忆效应）	5	0.792 5
135	Smp（形状记忆高分子）	26	0.730 0
136	Smps（形状记忆高分子）	5	1.436 0
137	Soft actuator（柔性致动器）	8	0.859 4
138	Soft robot（柔性机器人）	13	0.457 7
139	Speed（速率）	14	0.967 0
140	Step（步骤）	6	0.957 4
141	Stereolithography（立体光刻技术）	7	0.493 3
142	Stiffness（刚度）	9	0.991 9
143	Stimuli responsive hydrogel（刺激响应性凝胶）	6	1.606 0
144	Stimuli responsive polymer（刺激响应性聚合物）	6	0.604 4
145	Strain（应变）	11	0.692 1
146	Strip（剥离）	6	0.844 7
147	Surface（表面）	12	0.449 0
148	Temporary shape（暂时形状）	9	1.023 3
149	Thermal stimulus（热激励）	7	0.933 3
150	Tissue（组织）	17	1.370 8
151	Tissue engineering（组织工程）	16	0.878 0
152	Transition（过渡）	10	0.551 3
153	Variety（变化）	9	0.468 1
154	Wide range（宽幅）	8	0.817 6
155	Year（年份）	8	0.654 4

注：原著中词条 8 和 60 有重复。

第 8 章　水热刺激实现 PA6-Al-Al$_2$O$_3$ 复合材料的 4D 性能

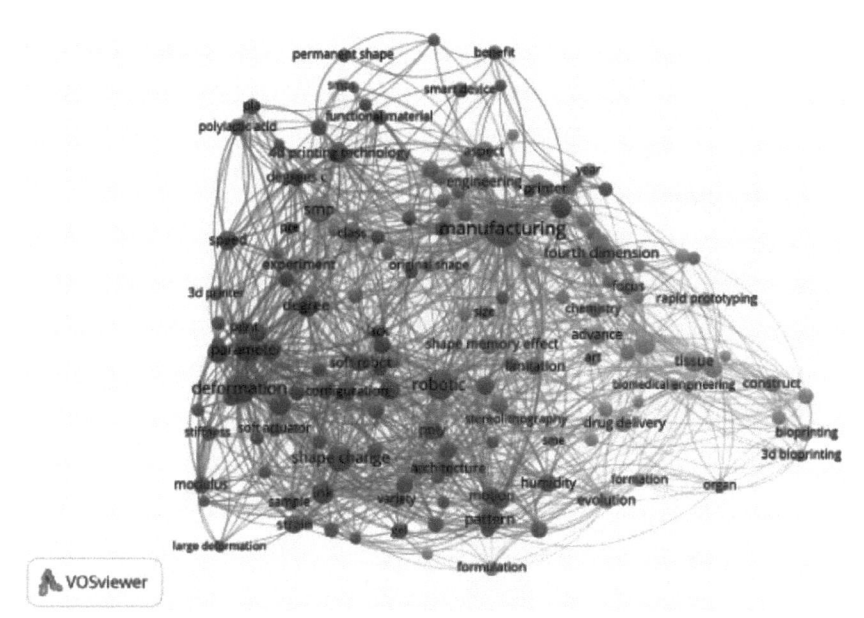

图 8.7　以"4D 打印中的刺激"为关键词的网络图

为了进一步确定研究空白，图 8.8（a）~（c）展示了选择制造、第四维度和形状记忆为节点进行的研究空白分析。

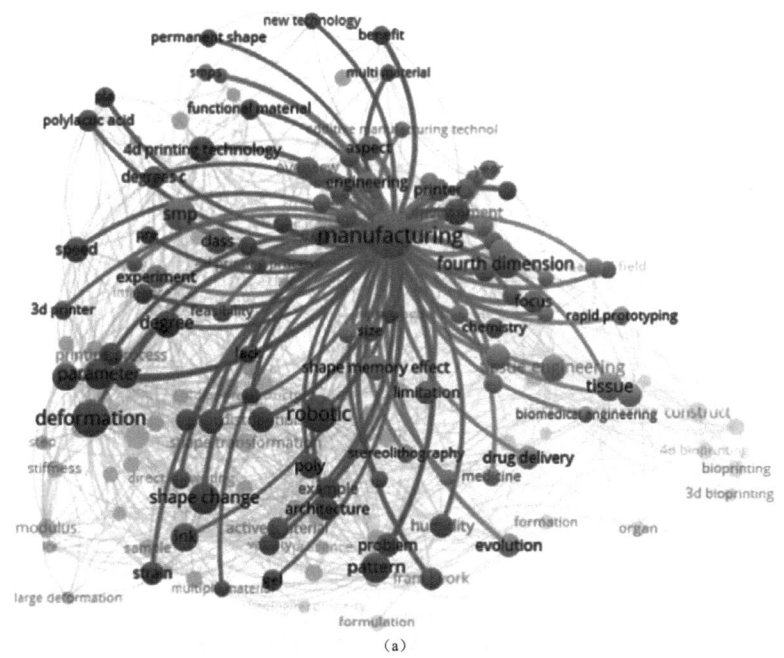

图 8.8　选择制造、第四维度、形状记忆为节点进行的研究空白分析
（a）制造

4D 打印基本原理与应用

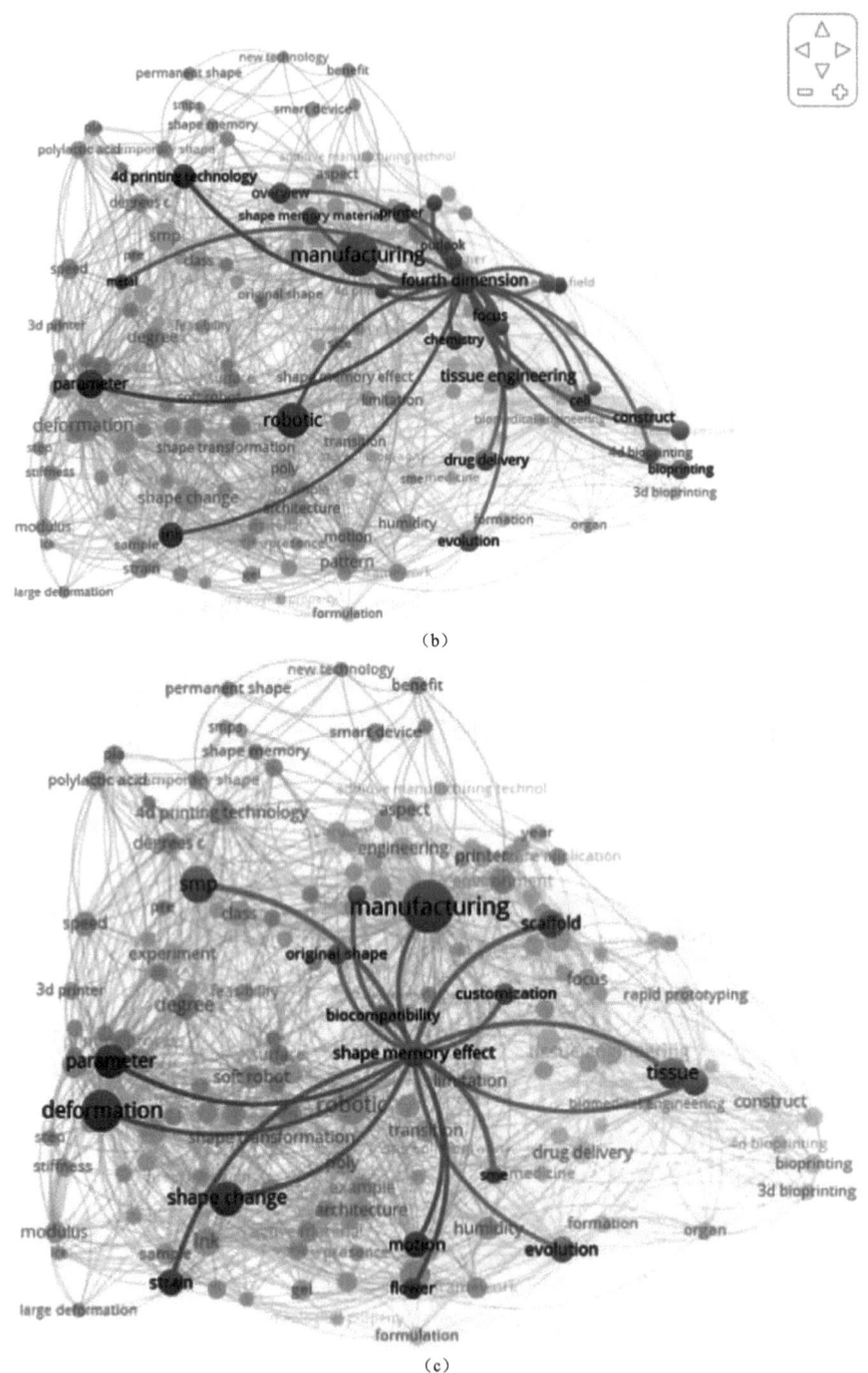

(b)

(c)

图 8.8　选择制造、第四维度、形状记忆为节点进行的研究空白分析（续）
(b) 第四维度；(c) 形状记忆

第 8 章 水热刺激实现 PA6-Al-Al$_2$O$_3$ 复合材料的 4D 性能

基于 Web of Science 数据库的研究空白分析指出，在水热刺激条件下对复合材料的 4D 打印性能进行的研究相对有限。本研究的主要目标是探究使用 FDM 工艺的聚酰胺（PA）6-Al-Al$_2$O$_3$ 复合材料原料长丝的 4D 打印性能。通过将样品置于不同的水热刺激条件下，并在拉伸试验机上施加控制应力条件（30 mm/min，持续 10 s），观察了样品在拉伸前后的尺寸变化，并将其与标准原料丝 ABS 的结果进行了对比。图 8.9 展示了工艺流程图。

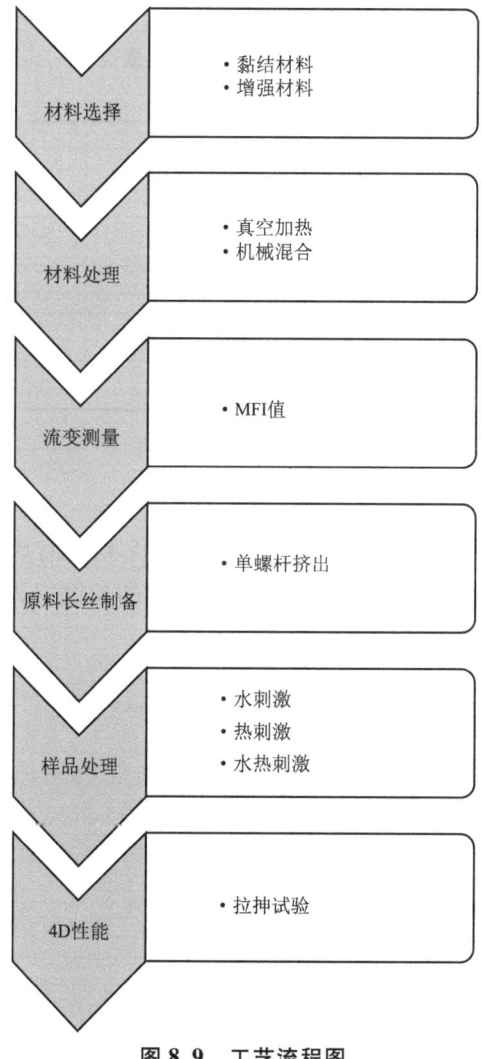

材料选择
- 黏结材料
- 增强材料

材料处理
- 真空加热
- 机械混合

流变测量
- MFI 值

原料长丝制备
- 单螺杆挤出

样品处理
- 水刺激
- 热刺激
- 水热刺激

4D 性能
- 拉抻试验

图 8.9 工艺流程图

8.2 试　　验

8.2.1 材　　料

如前所述,在单螺杆挤出机上使用最佳的关键工艺参数组合[22,23],制备了用于 FDM 工艺的 Al 和 Al_2O_3 增强的 PA6 基复合材料原料长丝。表 8.2 列出了试验所考虑的各种成分的质量配比。

表 8.2　各样品中成分的质量配比

%

样品序号	组合物	PA6	Al	Al_2O_3	ABS
1	A	60	26	14	—
2	B	60	28	12	—
3	C	60	30	10	—
4	ABS*	—	—	—	100

*：商用原料长丝 P430。

8.2.2 样品制备

通过单螺杆挤出机制备的原料长丝（具备不同的成分/比例）直径为 (1.75 ± 0.05) mm。对于水热分析，原料长丝的长度定为 200 mm。图 8.10 展示了用于水热测试的样品。

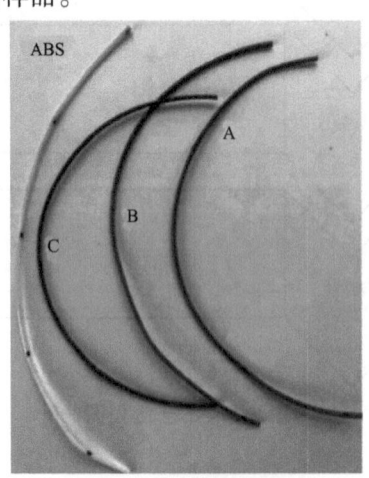

图 8.10　水热测试样品

8.2.3 样品处理

如前所述,通过拉伸样品(直径 1.75 mm,标定长度 100 mm)来分析 PA6-Al-Al$_2$O$_3$ 基复合材料原料长丝的水热行为,拉伸速率控制在 30 mm/min,持续 10 s。分别创建了以下 4 个测试条件。

(1)样品不受任何刺激。
(2)水刺激样品(室温下浸泡 1 h)。
(3)热刺激样品(50 ℃干燥箱中加热 1 h)。
(4)水热刺激样品(50 ℃热水中浸泡 1 h)。

8.2.4 材料表征

8.2.4.1 熔体流动指数(MFI)测量

为了研究制备样品的流变特性,进行了 MFI 测试。MFI 是检测材料流变特性并用于比较的标准技术。在该方法中,要测量热塑性材料通过孔板 10 min 的熔体流量。按照 ASTM D1238 标准,本试验在 40 ℃温度下施加 1 kg 载荷(见图 8.11)。MFI 的标准测试单位为 10 min 内通过的质量"g"。每个样品测量 3 次 MFI 值,然后取平均值。

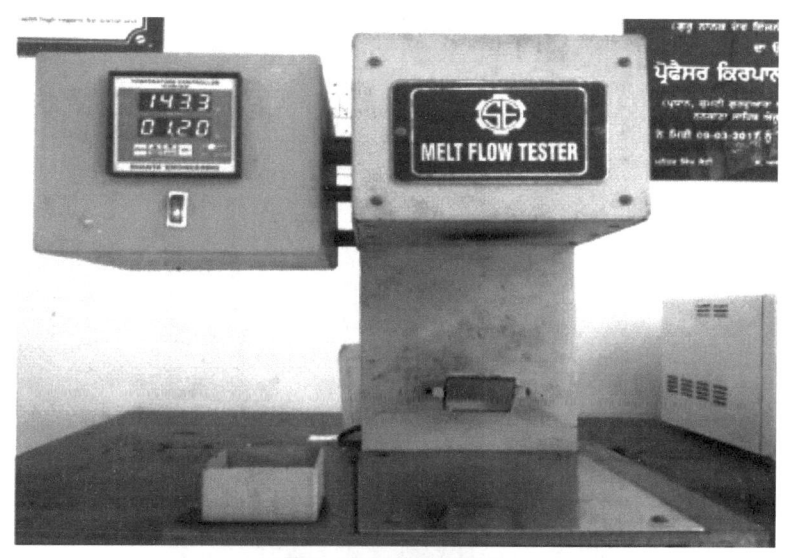

图 8.11 MFI 测试仪

表 8.3 列出了根据 Shenoy 等[24-25]的程序计算得到的制备样品的 MFI 和黏度值。

表8.3 不同成分/比例（按质量比）的 MFI 和黏度

组合物	密度ρ/（g·cm^{-3}）	MFI/［g·（10 min）$^{-1}$］	黏度μ/（Pa·s）
A	1.52	2.19	13 158
B	1.51	2.25	12 722
C	1.50	2.31	12 310
ABS	1.05	2.41	8 294

注：表中数值是三次重复观测的平均值。

8.2.4.2 拉伸试验

原料长丝的拉伸试验是在 UTM 上进行的（型号为 UTM-SL-10A；孟买的 Shanta Engineering 制造）。如图 8.12 所示，样品长度为 200 mm（标定长度 100 mm，两侧夹持长度 50 mm）。夹具夹紧后，以 30 mm/min 的速度拉伸样品 10 s。通过拉伸标尺，样品长度从 100 mm 形变到 105 mm。在 105 mm 长度保持 5 s 后释放载荷。卸载后的样品在室温 1 个大气压下放置 2 h。表 8.4 列出了标定长度（100 mm）的水/热刺激下的质量变化率（%）和形变回复率（%）。

图 8.12 在 UTM 上进行拉伸试验

表 8.4 以样品的质量变化率和长度回复率度量刺激效应

样品序号	组合物	刺激	质量/g 前	质量/g 后	质量变化率/%	长度回复率/%
1	A	无	0.623	0.623	0	83
2	B	无	0.615	0.615	0	86
3	C	无	0.607	0.607	0	90
4	ABS	无	0.518	0.518	0	80
5	A	水	0.623	0.673	8.0	82
6	B	水	0.615	0.655	6.5	84
7	C	水	0.607	0.632	4.1	88
8	ABS	水	0.518	0.523	0.9	80
9	A	热	0.623	0.620	-0.4	89
10	B	热	0.615	0.613	-0.3	92
11	C	热	0.607	0.606	-0.1	96
12	ABS	热	0.518	0.515	-0.5	85
13	A	水热	0.623	0.673	8.0	85
14	B	水热	0.615	0.655	6.5	86
15	C	水热	0.607	0.632	2.6	92
16	ABS	水热	0.518	0.518	0	83

8.3 结果和讨论

8.3.1 流变测量

如图 8.13 所示，组合物 C 的 MFI 值最高（2.31 g/10 min），而组合物 A 的 MFI 值最小（2.19 g/10 min）。据观察，在相似的温度和加载条件下，组合物 C 的流动模式与原生 ABS 相近。实际上，MFI 与黏度成反比。因此，随着 MFI 值的减小（由于增强材料），材料的黏度增加。图 8.13 强调了 MFI 曲线与黏度曲线的交点。

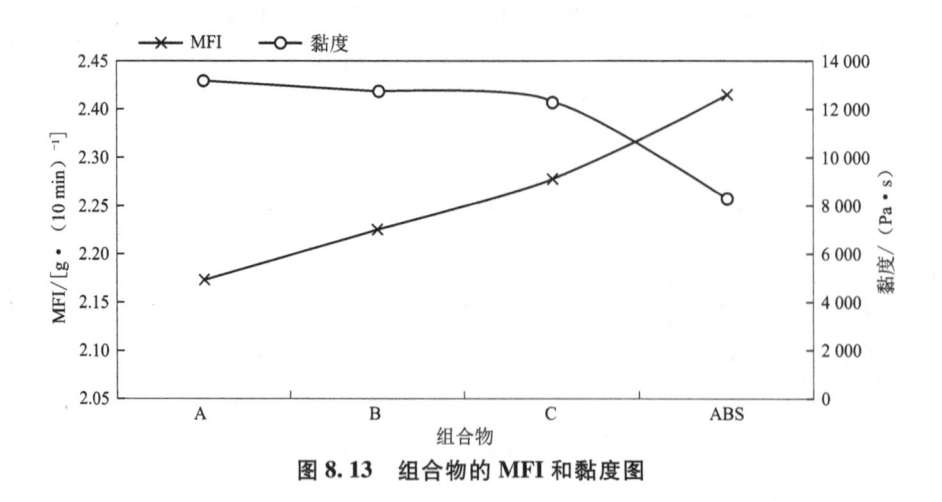

图 8.13 组合物的 MFI 和黏度图

基准 MFI 取值为 2.41（标准 ABS 材料的 MFI 值）。Al_2O_3 的耐磨性很好，会导致基质的剪切应力增加。结果表明，随着 Al_2O_3 含量减少，剪切应力下降，进而降低了流体黏度值。Al 的粒径小（325 目）并具有自润滑特性，因此 Al 的存在降低了剪切应力。

8.3.2 拉伸试验

图 8.14 展示了在未施加任何刺激的情况下，样品质量变化率和长度回复率的情况。样品的质量在测试过程中保持稳定，然而，不同样品的回复率存在差异（在室温条件下放置 2 h 后）。组合物 C 的回复率最高，达到了90%，其次是组合物 B（86%）和组合物 A（83%）。相比之下，原生 ABS 的回复率较低，仅为 80%。这一差异可能源于聚合物基质中的增强材料，它们在组合物中形成了微小的空隙。这些空隙是聚合物与增强材料性质的差异所致。如图 8.14 所示，回复率还受到颗粒尺寸的影响。尽管所有组合物中增强材料的含量相同，但基质中 Al 和 Al_2O_3 的比例各有不同。如前所述，Al_2O_3 的粒径（100 目）大于 Al（325 目）。更大的粒径意味着增强颗粒与聚合物基质界面处的气孔更大。此外，观察到较小的气孔能够带来更高的回复率，这是因为较大的气孔在拉伸过程中容易产生颈缩现象。因此，组合物 C（含有大量 Al 颗粒）与其他组合物乃至 ABS 材料相比，展现出更高的回复率，这表明其具有应用于 4D 打印的潜力。

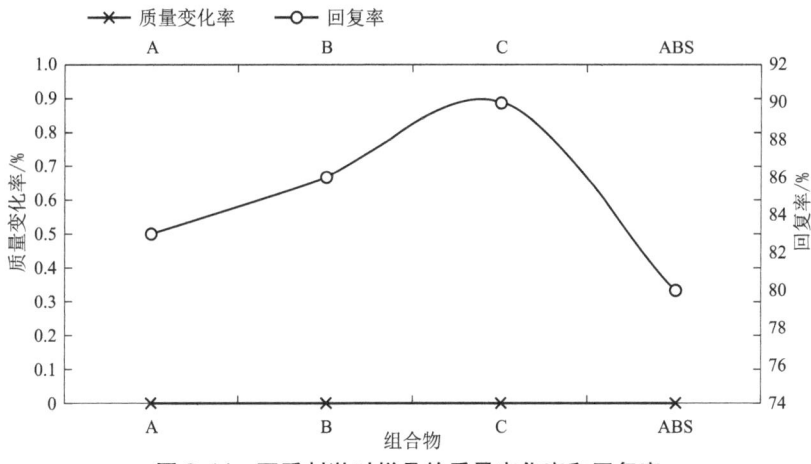

第 8 章 水热刺激实现 PA6-Al-Al$_2$O$_3$ 复合材料的 4D 性能

图 8.14 不受刺激时样品的质量变化率和回复率

当样品暴露于水刺激条件下时,其吸水性表现出一些变化。由于 PA6 具有吸湿特性,样品在经历水刺激后会发生吸水现象。组合物 A 的质量变化率最高,其次是组合物 B 和组合物 C(见图 8.15)。组合物 A 具有较大的吸水率是因为其中有较大的气孔。Al$_2$O$_3$ 是中性的且不溶于水。原生 ABS 在水刺激下也表现出质量变化,但与其他增强样品相比变化较小(0.9%)。

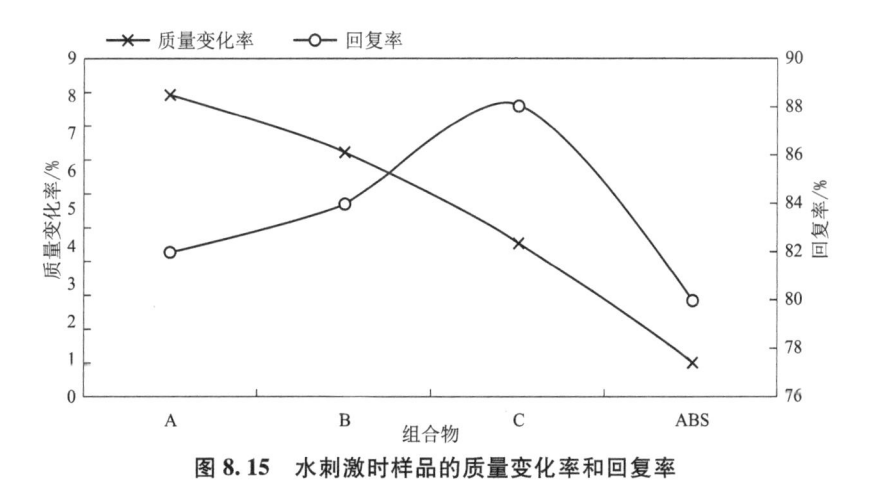

图 8.15 水刺激时样品的质量变化率和回复率

另外,组合物 C 的回复率最大,组合物 A 和组合物 B 的回复率基本相同,但均高于 ABS。

在热刺激条件下,样品表现出不同的质量变化率和回复率结果。所有样品均出现了质量损失,其中 ABS 样品的损失最大。在增强样品中,组合物 A 的质量损失最大，其次是组合物 B 和 C。如前所述，由于聚合物材料的吸湿性，空气中的水分会被吸收。当样品在干燥箱（50 ℃）中放置 1 h 后，水分蒸发，导致质量损失。与先前的拉伸试验结果类似，组合物 C 具有最高的回复率，但在本条件下的回复率更高（96%）。所有样品的回复率均呈现出正向偏移（见图 8.16）。

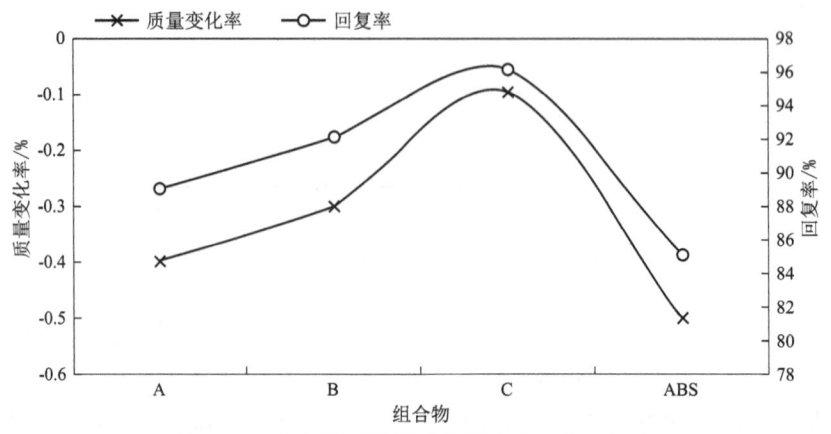

图 8.16　热刺激时样品的质量变化率和回复率

如前所述，水热刺激是将样品置于热水（50 ℃）中 1 h。从图 8.17 可以看出，组合物 A 的质量变化高于其他样品。值得注意的是，ABS 的质量没有发生变化。另外，在拉伸后，样品展现出长度回复。与之前的结果相似，组合物 C 的回复率最高（92%），组合物 A 的回复率最低（85%），而 ABS 的长度回复率也达到了 83%。

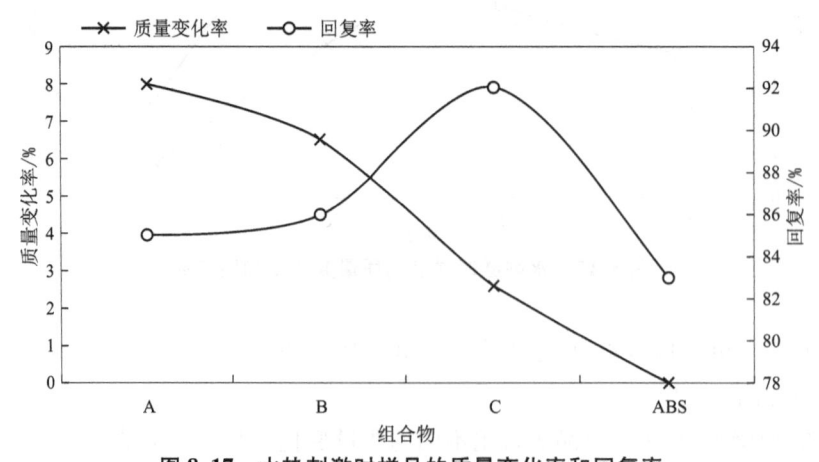

图 8.17　水热刺激时样品的质量变化率和回复率

第 8 章 水热刺激实现 PA6-Al-Al$_2$O$_3$ 复合材料的 4D 性能

综上所述，本试验采用了 4 组不同的测试条件：①样品未受任何刺激；②水刺激样品（室温下浸泡 1 h）；③热刺激样品（50 ℃干燥箱中加热 1 h）；④水热刺激样品（50 ℃热水中浸泡 1 h）。图 8.18 展示了不同测试条件下样品的质量变化率。ABS 材料的质量变化范围为 0.5%~0.9%，在所有样品中变化范围最小。对于增强材料而言，组合物 A 的质量变化范围较大（-0.4%~8%），其次是组合物 B（-0.3%~6.5%）和组合物 C（-0.1%~4.1%）。

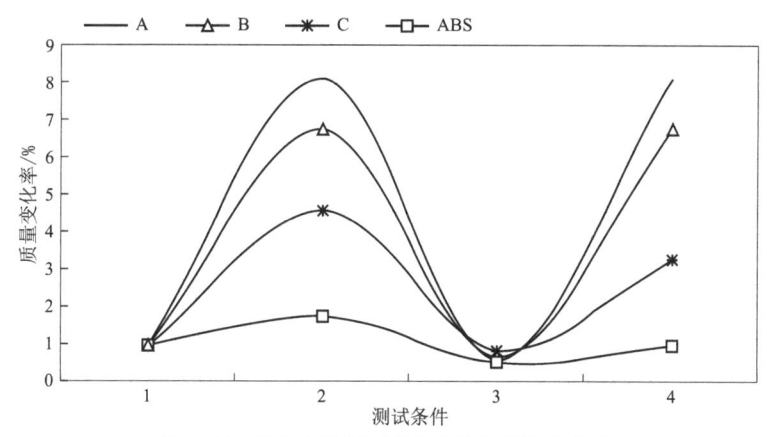

图 8.18 不同测试条件下样品的质量变化率

同样，图 8.19 展示了在不同测试条件下，标定长度的回复率（释放拉伸载荷后，在室温下放置 2 h）。所有样品的变化趋势一致。ABS 材料的回复率范围为 80%~85%，组合物 A 为 82%~89%，组合物 B 为 84%~92%，而组合物 C 为 88%~96%。值得注意的是，组合物 C 的回复率较高，而 ABS 的回复率最低。

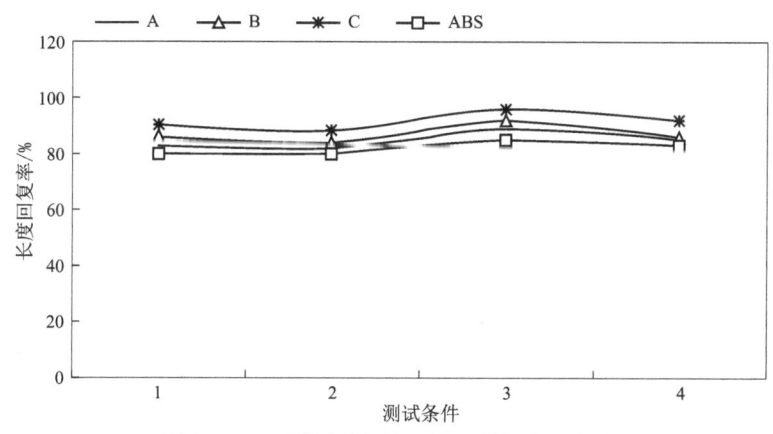

图 8.19 不同测试条件下样品的长度回复率

8.3.3　扫描电子显微术

通过 SEM 图像（2D 和 3D）对颗粒形态进行了评估，如图 8.20 (a)~(c) 所示。所有图像均具有高放大倍数（标尺：500 μm）。从图中可以观察到，PA6 基质中存在 Al 和 Al_2O_3，以及一些团聚体。团聚体的形成可能是由于微小粒子的聚集，这表明 PA6 基质中 Al 和 Al_2O_3 的分布不均。尽管在原料长丝的制备过程中，已经关注了基质中粒径的均匀分布，但仍可通过减小粒径至纳米级别，并选择更合适的混合方法（机械/化学）来进一步改善。

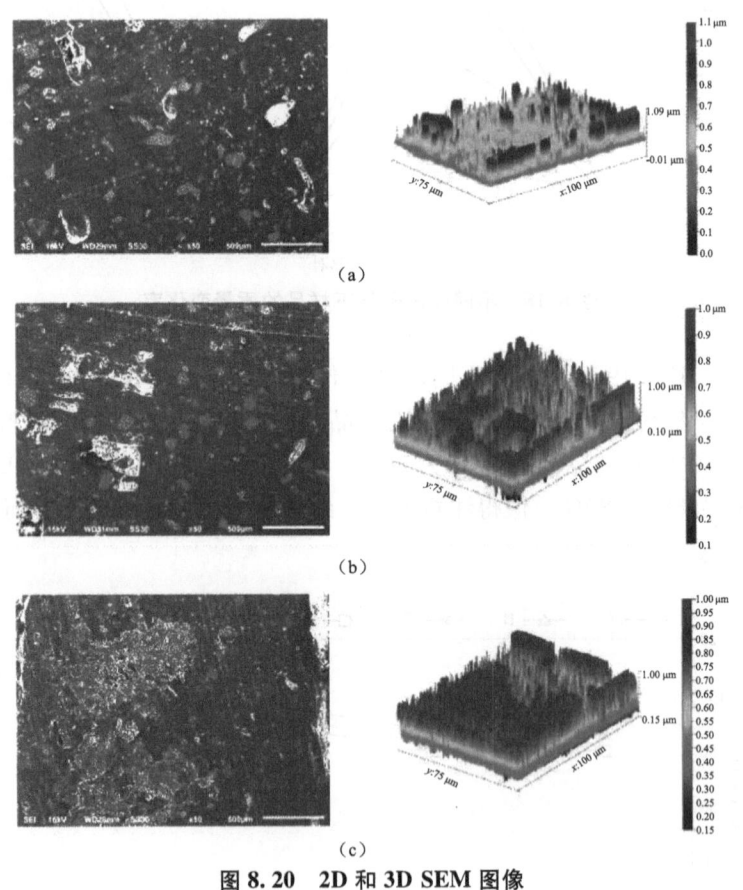

图 8.20　2D 和 3D SEM 图像

(a) 组合物 A；(b) 组合物 B；(c) 组合物 C

8.4 结　　论

本试验得出以下结论。

（1）FDM 替代原料长丝的适用性取决于其流动行为，可通过流变测量（MFI 值）来评估。组合物 C 的 MFI 值（2.31 g/10 min）最大，而组合物 A 的 MFI 值（2.19 g/10 min）最小。在相似的温度和载荷条件下进行测试，观察到组合物 C 的流动模式与原生 ABS 相似。

（2）ABS 材料的质量变化率的范围为-0.5%~0.9%，在所有样品中范围最小。对于增强组合物而言，组合物 A 的变化范围较大（-0.4%~8%），其次是组合物 B（-0.3%~6.5%）和组合物 C（-0.1%~4.1%）。

（3）在不同测试条件的影响下，ABS 材料的标定长度回复率在 80%~85% 变化，组合物 A 在 82%~89% 变化，组合物 B 在 84%~92% 变化，而组合物 C 在 88%~96% 变化。

（4）SEM 图像显示，基质中存在团聚体，可能是由小颗粒团聚而产生。这说明了 PA6 基质中 Al 和 Al_2O_3 颗粒分布的不均匀性。改进粒径的分布情况需要进一步研究。

（5）组合物 C 制备的原料长丝在释放拉伸载荷后的长度回复率高于其他样品，表明其具备 4D 打印应用的潜力。

致　　谢

作者感谢印度卢迪亚纳的古鲁·纳纳克·德夫工程学院（Guru Nanak Dev Engineering College）的制造研究实验室为本项研究工作开展提供了条件。

参 考 文 献

[1] Tibbits, S. The emergence of "4D printing." In: Proceedings of the TED conferences, 2013.

[2] Khoo ZX, Teoh JEM, Liu Y, Chua CK, Yang S, An J, et al. 3D printing of smart materials: a review on recent progresses in 4D printing. Virtual and Physical Prototyping 2015, 10 (3): 103-122.

[3] Momeni F, Liu X, Ni J. A review of 4D printing. Materials & Design 2017,

122: 42-79.

[4] Kuang X, Roach DJ, Wu J, Hamel CM, Ding Z, Wang T, et al. Advances in 4D printing: materials and applications. Advanced Functional Materials 2019, 29 (2): 1805290.

[5] Sun L, Huang WM, Ding Z, Zhao Y, Wang CC, Purnawali H, et al. Stimulus-responsive shape memory materials: a review. Materials & Design 2012, 33: 577-640.

[6] Zhou Y, Huang WM, Kang SF, Wu XL, Lu HB, Fu J, et al. From 3D to 4D printing: approaches and typical applications. Journal of Mechanical Science and Technology 2015, 29: 4281-4288.

[7] Zhou J, Sheiko SS. Reversible shape-shifting in polymeric materials. Journal of Polymer Science Part B: Polymer Physics 2016, 54: 1365-1380.

[8] Yu K, Ge Q, Qi HJ. Reduced time as a unified parameter determining fixity and free recovery of shape memory polymers. Nature Communications 2014, 5 (1): 1-9.

[9] Ge Q, Luo X, Iversen CB, Mather PT, Dunn ML, Qi HJ. Mechanisms of triple-shape polymeric composites due to dual thermal transitions. Soft Matter 2013, 9 (7): 2212-2223.

[10] Meier, H, et al. Selective laser melting of NiTi shape memory components. In: Advanced research in virtual and rapid prototyping, Leiria, Portugal. 2009.

[11] Meier, H, Haberland, C, Frenzel, J, . Structural and functional properties of NiTi shape memory alloys produced by selective laser melting. In: London: innovative developments in virtual and physical prototyping, 2012, p. 291-96.

[12] Dadbakhsh S, et al. Effect of SLM parameters on transformation temperatures of shape memory nickel titanium parts. Advanced Engineering Materials 2014, 16: 1140-1146.

[13] Uchino K. The development of piezoelectric materials and the new perspective. In: Uchino K, editor. Advanced piezoelectric materials: science and technology. Padstow, Cornwall: Woodhead Publishing; 2010. p. 1-43.

[14] Kim K, et al. 3D optical printing of piezoelectric nanoparticle-polymer composite materials. ACS Nano 2014, 8: 9799-9806.

[15] Lin D, et al. Three-dimensional printing of complex structures: man-made or toward nature? ACS Nano 2014, 8: 9710-9715.

[16] Tibbits S. 4D printing: multi-material shape change. Architectural Design 2014, 84 (1): 116-121.

[17] Raviv D, Zhao W, McKnelly C, Papadopoulou A, Kadambi A, Shi B, et al. Active printed materials for complex self-evolving deformations. Scientific Reports 2014, 4: 7422.

[18] Jamal M, Kadam SS, Xiao R, Jivan F, Onn TM, Fernandes R, et al. Bio-Origami hydrogel scaffolds composed of photocrosslinked PEG bilayers. Advanced Healthcare Materials 2013, 2: 1142-1150.

[19] Lewis JA. Direct ink writing of 3D functional materials. Advanced Functional Materials 2006, 16: 2193-204.

[20] Lebel LL, Aissa B, Khakani MAE, Therriault D. Ultraviolet-assisted direct-write fabrication of carbon nanotube/polymer nanocomposite microcoils. Advanced Materials 2010, 22: 592-596.

[21] Gratson GM, Lewis JA. Phase behavior and rheological properties of polyelectrolyte inks for direct-write assembly. Langmuir 2005, 21: 457-64.

[22] Singh Boparai K, Singh R, Singh H. Experimental investigations for development of Nylon6-Al-Al$_2$O$_3$ alternative FDM filament. Rapid Prototyping Journal 2016, 22 (2): 217-224.

[23] Boparai KS, Singh R, Singh H. Modeling and optimization of extrusion process parameters for the development of Nylon6-Al-Al$_2$O$_3$ alternative FDM filament. Progress in Additive Manufacturing 2016, 1: 115-128.

[24] Shenoy AV, Saini DR, Nadkarni VM. Rheology of nylon 6 containing metal halides. Journal of Materials Science 1983, 18: 2149-2155.

[25] Shenoy AV, Saini DR, Nadkarni VM. Melt rheology of polymer blends from melt flow index. International Journal of Polymeric Materials 1984, 10 (3): 213-235.

第 9 章
PLA-ZnO 复合基质的形状记忆效应

Ranvijay Kumar[1], Rupinder Singh[2],
Vinay Kumar[3], Pawan Kumar[4]

1 印度，莫哈里，昌迪加尔大学研发中心机械工程系
2 印度，昌迪加尔，国立技术教师培训与研究学院机械工程系
3 印度，卢迪亚纳，古鲁·纳纳克·德夫工程学院生产工程系
4 印度，莫哈里，昌迪加尔大学科学学院物理系

9.1 引 言

形状记忆聚合物是制造智能致动器和传感器的重要组成部分。基于智能聚合物的结构应用领域十分广泛，涵盖了无褶皱织物、机器人技术、自组装设备、自动化组装、发动机自动唤醒元件、光电器件、眼科设备（包括准分子激光和眼内透镜）、血管支架、外科缝合线、汽车挡泥板及耐高温密封件等。PLA 被认为是具有良好生物相容性、生物可降解性，以及热响应性的形状记忆聚合物。Senatov 等[1] 研究了 3D 打印 PLA-羟基磷灰石基多孔结构的形状记忆行为，其形状回复率高达 98%。聚氨酯（PU）-PLA-碳纳米管复合材料也表现出了形状记忆效应[2]。生物可降解的聚己内酯（PCL）-PLA 共混物同样展示出了形状记忆行为[3]。研究表明，向 PLA 基质中添加热塑性聚氨酯（TPU）能够增强材料的形变回复能力。此外，提高预变形温度也有助于提升形状记忆行为[4]。当聚酰胺弹性体增韧 PLA 时，获得了出人意料的形状记忆效果[5]。温敏型形状记忆纳米复合材料的发展，为其在传感器和致动器方面的应用提供了保障。有研究指出，掺入改性石墨烯纳米片的纳米复合材料同样具备形状记忆行为[6]。类似地，低聚物增塑的静电纺 PLA 纳米纤维[7]、PLA-环氧化天然橡胶（ENR）中添加纤维纳米颗粒[8]、PLA 长丝[9]、PLA-ENR-Fe_3O_4 热塑性硫化胶（TPVs）[10]、PLA-天然橡胶

（NV）-SiO$_2$ TPVs[11]、PLA-TPU 共混物[12,13] 也具有形状记忆性能。

ZnO 是一种昂贵且不溶于水的半导体材料，添加到其他材料中能够改变其行为。ZnO 作为添加剂广泛应用于化妆品、食品添加剂、橡胶、聚合物、金属、玻璃、电池、油漆等领域，以增强产品功能。ZnO 在增强聚合物材料时，还能改变其形状记忆行为。Gao 等[14] 研究了 ZnO 纳米螺旋结构形状记忆陶瓷的超弹性和纳米断裂行为。有研究对 PU-PCL-ZnO 三元共混物的形状记忆行为进行了分析。研究发现，在 PU-PCL 共混物中，加入最佳含量（20%）的 ZnO，材料的形状记忆效应得到了显著提升[15]。同样，也有研究表明，在淀粉/赖氨酸[16]、NiTi 形状记忆合金[17]、PLA[18]、TPU[19]、三元乙丙橡胶/聚丙烯（EPDM/PP）TPVs[20]、PU[21]、拉伸聚甲基丙烯酸甲酯（PMMA）[22] 等材料中加入 ZnO 纳米结构能够诱导形状记忆效应。

为了探索 PLA 聚合物形状记忆效应的相关研究，利用 http://www.webofknowledge.com 的数据库进行了分析，选取了 1999—2021 年的文献。截至 2021 年，以"PLA 和形状记忆效应"为关键词，共检索到 118 篇相关文献。通过 VOSviewer 软件对这些数据进行了分析。数据库分析结果显示，共检索到 12 032 个术语，以 10 为最小出现次数进行筛选后，有 61 个术语达到了阈值。进一步选取了 29 个合适的术语进行分析。表 9.1 展示了选定的术语及其出现次数和相关性得分。

表 9.1 选定术语及其出现次数和相关性得分

序号	术语	出现次数	相关性得分
1	Shape recovery ratio（形状回复率）	15	1.803 0
2	Tensile strength（拉伸强度）	22	1.713 0
3	Elongation（延伸率）	13	1.668 6
4	Fabrication（制备）	15	1.652 8
5	PCL（聚己内酯）	10	1.599 5
6	Polylactide（聚乳酸）	25	1.534 9
7	Thermoplastic polyurethane（热聚性聚氨酯）	14	1.268 1
8	Nanocomposite（纳米复合材料）	16	1.178 4
9	Crystallinity（结晶度）	15	1.174 6
10	Differential scanning calorimetry（差示扫描量热法）	16	1.151 8

续表

序号	术语	出现次数	相关性得分
11	Dynamic mechanical analysis（动力学分析）	11	1.146 8
12	Shape memory effect（形状记忆效应）	54	1.018 0
13	Incorporation（合并）	14	0.964 8
14	Application（应用）	36	0.948 0
15	Crystallization（结晶化）	21	0.919 9
16	Polylactic acid（聚乳酸）	35	0.846 4
17	Shape memory polymer（形状记忆聚合物）	36	0.815 4
18	Shape memory behavior（形状记忆行为）	25	0.793 7
19	Deformation（形变）	16	0.777 5
20	Polymer（聚合物）	33	0.743 0
21	Morphology（形貌）	22	0.650 1
22	Shape recovery（形变回复）	19	0.634 7
23	Characterization（表征）	16	0.626 7
24	Addition（添加物）	26	0.625 1
25	Blend（混合）	41	0.605 0
26	Glass transition temperature（玻璃化转变温度）	20	0.549 3
27	Temperature（温度）	52	0.546 8
28	Mechanical property（力学性能）	41	0.535 4
29	Development（发展）	11	0.508 5

注：来源于 http://www.webofknowledge.com。

  图9.1展示了以"PLA和Shape memory effect（形状记忆效应）"为关键词的文献网络图，观察到图中形成了4个不同的群组。先前已有关于PLA聚合物在拉伸强度、结晶、应用、制备、形状回复、形状记忆效应、形态、动力学分析、纳米复合材料、差示扫描量热法、形变机理及与PCL、TPU的共混等方面的研究。

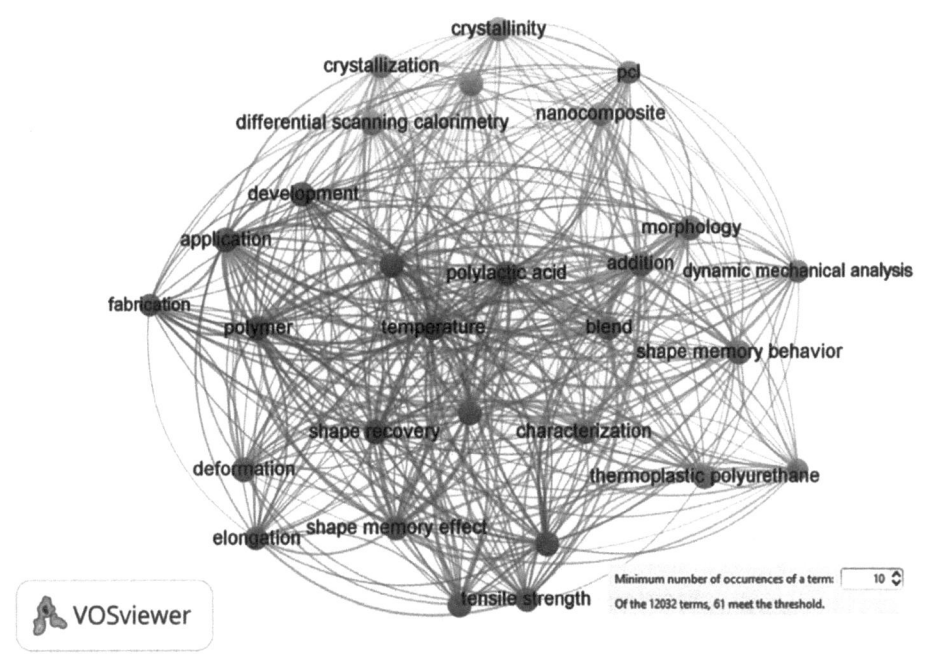

图 9.1 以 "PLA 和 Shape memory effect" 为关键词的文献网络图（附彩图）

（节点的颜色代表不同的群组）

注：来源于 http://www.webofknowledge.com

在 PLA 聚合物的形状记忆研究方面，以前的研究大多是针对材料的开发、原型、形状记忆行为，并以温度作为刺激。PLA 的形状记忆效应还需要更多的探索，如结晶度、差示扫描量热法、纳米复合材料、形貌、动力学分析、形变机理、玻璃化转变温度等研究（见图 9.2）。

从文献调查中可以看出，众多研究集中在 PLA 聚合物的形状记忆行为上。一些研究指出，温度是激发形状记忆效应的因素。此外，也有研究简述了在聚合物中加入 ZnO 增强体后，材料表现出形状记忆行为。然而，目前关于通过调整热处理条件来探究形状记忆效应的研究还相对较少。本研究旨在探讨热处理、加工温度和螺杆扭矩对 PLA-ZnO 复合材料原料长丝的形状记忆效应的影响。

9.2 材料和方法

图 9.3 为 PLA-ZnO 复合材料原料长丝的制备和形状记忆研究方法。颗粒状 PLA 材料（直径：1~2 mm）购于印度卢迪亚纳的巴特拉聚合物私营有

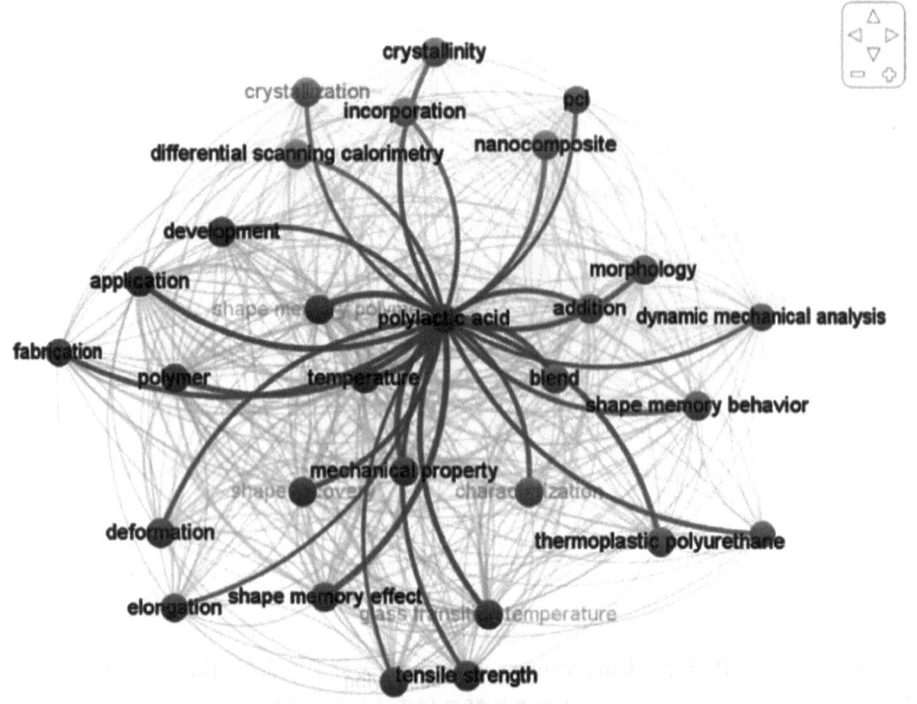

图 9.2　PLA 形状记忆效应研究空白分析的文献网络图（附彩图）
（节点的颜色代表不同的群组）

限公司（Batra Polymer Pvt Ltd）。采用完备的溶胶法合成 ZnO 纳米颗粒。随后，将 ZnO（2%）纳米颗粒与 PLA 聚合物颗粒，按照 98%（PLA）-2%（ZnO）的比例进行机械混合，并加入亚麻籽油润滑。

将混合物置于 60 ℃（接近 PLA 的玻璃化转变温度）的干燥箱中进行 1 h 的预热处理。通过调整加工温度和螺杆扭矩混合 PLA-ZnO，以制备原料长丝。使用的加工设备为双螺杆混料机。将制备好的原料长丝放置在 60 ℃ 的干燥箱中 1 h，即为制造后的热处理。之后，使用拉伸试验机对原料长丝进行拉伸，并在初始加热条件下使其回复形状。试验结果显示，PLA-ZnO 复合材料原料长丝具备形状记忆效应。

9.3　试　　验

9.3.1　双螺杆混合工艺

PLA 与 ZnO 纳米颗粒的混合是通过双螺杆混料机（制造商：Mettler To-

第9章 PLA-ZnO 复合基质的形状记忆效应

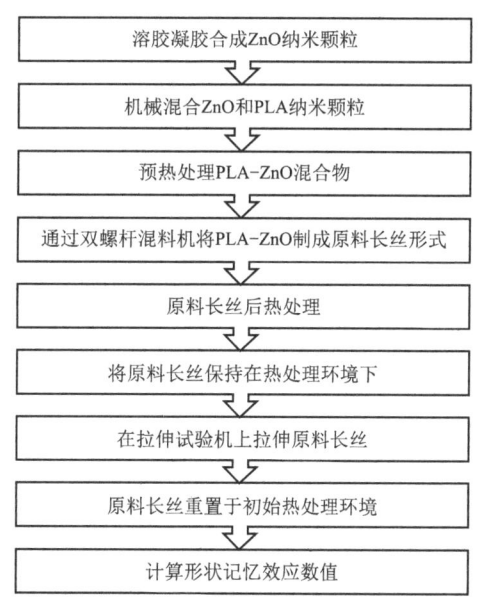

```
┌─────────────────────────┐
│ 溶胶凝胶合成ZnO纳米颗粒  │
└───────────┬─────────────┘
            ↓
┌─────────────────────────┐
│ 机械混合ZnO和PLA纳米颗粒 │
└───────────┬─────────────┘
            ↓
┌─────────────────────────┐
│ 预热处理PLA-ZnO混合物    │
└───────────┬─────────────┘
            ↓
┌────────────────────────────────────┐
│ 通过双螺杆混料机将PLA-ZnO制成原料长丝形式 │
└───────────┬────────────────────────┘
            ↓
┌─────────────────────────┐
│ 原料长丝后热处理         │
└───────────┬─────────────┘
            ↓
┌─────────────────────────┐
│ 将原料长丝保持在热处理环境下 │
└───────────┬─────────────┘
            ↓
┌─────────────────────────┐
│ 在拉伸试验机上拉伸原料长丝 │
└───────────┬─────────────┘
            ↓
┌─────────────────────────┐
│ 原料长丝重置于初始热处理环境 │
└───────────┬─────────────┘
            ↓
┌─────────────────────────┐
│ 计算形状记忆效应数值     │
└─────────────────────────┘
```

图 9.3 PLA-ZnO 复合材料原料长丝的制备和形状记忆研究方法

ledo；最高温度：300 ℃）进行的。图 9.4 展示了双螺杆混料机及其制备的原料长丝的照片。

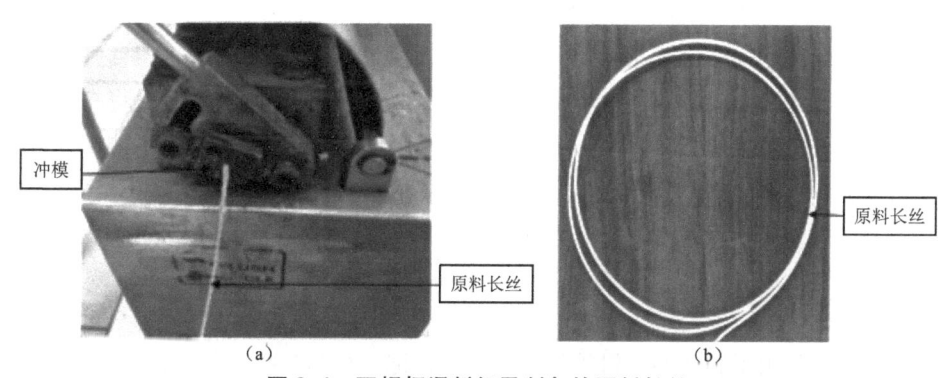

图 9.4 双螺杆混料机及制备的原料长丝

（a）双螺杆混料机；（b）制备的原料长丝

表 9.2 为基于田口 L9 正交表，针对 PLA-ZnO 原料长丝的制备进行的试验设计。每个参数均选取了三种不同处理条件，即选择了不处理样品、预热处理长丝样品和后热处理长丝样品。加工温度分别选定为 170 ℃、180 ℃ 和 190 ℃，螺杆扭矩则分别为 0.10 N·m、0.20 N·m 和 0.30 N·m。值得注

意的是，长丝的加工温度和螺杆扭矩等工艺参数是根据原料长丝的均匀性来选定的。超出此工艺参数范围，会导致长丝的尺寸畸变。

表 9.2 制造原料长丝的试验设计

样品序号	处理条件	长丝加工温度/℃	螺杆扭矩/（N·m）
1	无热处理	170	0.10
2	无热处理	180	0.20
3	无热处理	190	0.30
4	预热处理	170	0.20
5	预热处理	180	0.30
6	预热处理	190	0.10
7	后热处理	170	0.30
8	后热处理	180	0.10
9	后热处理	190	0.20

9.3.2 形状记忆效应研究

采用温度作为外部刺激研究 PLA-ZnO 原料长丝的形状记忆行为。首先，将制造的原料长丝在 60 ℃ 的干燥箱中放置 1 h，接着在拉伸试验机（制造商：Shanta Engineering；最大拉力：5 000 N）上进行拉伸试验，形变速率设定为 20 mm/min，保持时间为 6 s。测量拉伸前后的尺寸，并再次将拉伸过的长丝置于初始温度条件中（60 ℃，1 h）以回复其形状。进一步测量了回复后原料长丝的最终尺寸以计算形状记忆效应。

9.4 结果和讨论

表 9.3 列出了制造的原料长丝样品的形状记忆行为数据，每个样品进行了 3 次重复试验，结果取平均值。观察结果显示，样品 1（未经热处理，加工温度 170 ℃，扭矩 0.10 N·m）的形变回复率最低，而样品 9（后热处理，加工温度 190 ℃，扭矩 0.20 N·m）的形变回复率最高，分别为 23.68 % 和 60.39 %。样品 9 展现出了较为优异的形状记忆效应，这可能与后热处理和较高温度的加工条件有关。后热处理在制造缺陷较少的长丝中发挥了重要作用，而较高的加工温度则能使 ZnO 纳米颗粒更好地分散在 PLA 基质中。

表9.3 PLA-ZnO原料长丝的形状记忆行为

样品序号	处理条件	初始长/mm	形变/mm	拉伸后总长度/mm	回复后长度/mm	形变回复率/%
1	无热处理	93.63	1.52	95.15	94.79	23.68
2	无热处理	95.75	1.58	97.33	96.85	30.38
3	无热处理	94.73	1.14	95.87	95.48	34.21
4	预热处理	91.66	1.57	93.23	92.70	33.75
5	预热处理	97.39	1.55	98.94	98.18	49.03
6	预热处理	94.8	1.56	96.36	95.63	46.79
7	后热处理	92.82	1.54	94.36	93.73	40.91
8	后热处理	95.84	1.07	96.91	96.30	57.01
9	后热处理	89.57	1.54	91.11	90.18	60.39

更好的长丝加工工艺能产生更优良的形状记忆效应。相对地,样品1未经过任何热处理(包括预热处理和后热处理),加之较低的加工温度和较小的螺杆扭矩,导致了较低的形变回复率。这主要是加工不完全导致制造缺陷增加,从而使形变回复率最小。

为了确定最佳的工艺参数,以最大化形变回复率和预测形变回复率,考虑到"越大越好"的原则,计算了每个试验条件下的S/N。表9.4展示了PLA-ZnO复合材料长丝形变回复率的S/N值。

表9.4 PLA-ZnO长丝形变回复率的S/N值

样品序号	处理条件	形变回复率的S/N值/dB
1	无热处理	27.48
2	无热处理	29.65
3	无热处理	30.68
4	预热处理	30.56
5	预热处理	33.81
6	预热处理	33.40
7	后热处理	32.23
8	后热处理	35.12
9	后热处理	35.62

图 9.5 展示了 PLA-ZnO 复合材料原料长丝形变回复率的 S/N 的主效应图。通过计算 S/N 值，可以预测一组能够使 S/N 值达到最优的工艺参数。预测的制造原料长丝的参数配置为：采用后热处理，将加工温度设定为 190 ℃，并将螺杆扭矩调整至 0.30 N·m。

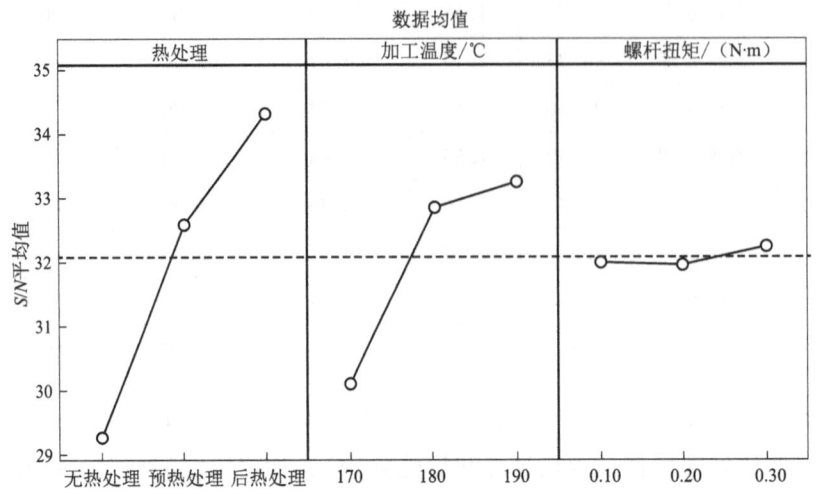

图 9.5 PLA-ZnO 复合材料原料长丝形变回复率的 S/N 值的主效应图
注：S/N 越大越好

通过 ANOVA 的统计分析可得出在预测的制造参数配置下的形变回复率。表 9.5 展示了 PLA-ZnO 长丝形变回复率的 S/N 值的 ANOVA 结果。热处理、加工温度和螺杆扭矩对形变回复率的影响程度分别为 68.43%、30.51% 和 0.24%。残差的比例仅为 0.78%，低于 5%，这一结果表明工艺参数具有显著的控制效果。热处理（$P=0.011$）和加工温度（$P=0.025$）的检验统计量 P 值均小于 0.05，证实了加工方法的有效性。

表 9.5 PLA-ZnO 长丝形变回复率的 S/N 值的 ANOVA 结果

来源	DoF	Seq SS	Adj SS	Adj MS	F	P	影响占比/%
热处理	2	39.52	39.52	19.76	86.78	0.011	68.43
加工温度	2	17.62	17.62	8.81	38.71	0.025	30.51
螺杆扭矩	2	0.14	0.14	0.07	0.33	0.753	0.24
残差	2	0.45	0.45	0.23			0.78
总计	8	57.73					

注：DoF：自由度；Seq SS：平方和；Adj SS：调整的平方和；Adj MS：调整的均方和；F：Fisher 值；P：概率。

表9.6列出了 S/N 值对 PLA-ZnO 复合材料原料长丝形变回复率的影响。根据 S/N 值的变化，热处理排在首位，加工温度位列第二，螺杆扭矩则位于第三位。

表9.6 S/N 值对 PLA-ZnO 复合材料原料长丝形变回复率的影响

dB

级别	热处理	加工温度	螺杆扭矩
1	29.27	30.10	32.00
2	32.59	32.86	31.95
3	34.32	33.24	32.24
Δ	5.05	3.14	0.30
等级	1	2	3

形变回复率是根据预测的制造参数配置计算得到的。根据图9.5中 S/N 值的预测，在后热处理、190 ℃加工温度、0.3 N·m 螺杆扭矩的预测配置下，能得到最佳的形变回复。预测配置下的形变回复率（γ_{opt}）通过以下公式计算得出：

$$\gamma_{opt}^2 = (10)^{\eta_{opt}/10}$$

式中，η_{opt} 为形变回复率的最佳 S/N 值。η_{opt} 计算表达式如下：

$$\eta_{opt} = m + (m_{a3} - m) + (m_{b3} - m) + (m_{c3} - m)$$

式中，m 取9组不同试验参数的 S/N 平均值（表9.4），m_{a3} 为第3级热处理的 S/N 值，m_{b3} 为第3级加工温度的 S/N 值，m_{c3} 为第3级螺杆扭矩的 S/N 值。

从表9.4和表9.6中可以得出以上取值，并计算得到 η_{opt}

$\eta_{opt} = 32.06 + (34.32 - 32.06) + (33.24 - 32.06) + (32.24 - 32.06) = 35.68$ (dB)

γ_{opt} 的计算如下：

$$\gamma_{opt}^2 = (10)^{\eta_{opt}/10} = (10)^{35.68/10}$$
$$\gamma_{opt} = 60.81\%$$

在预测的工艺参数配置下，形变回复率的数值能达到60.81%。实测的形变回复率为61.08%，与预估结果非常接近。

9.5 总　　结

（1）样品1和样品9的形变回复率分别为23.68%和60.39%。在样品

9中观察到了较好的形状记忆效应,可能是因为后热处理和较高的热加工条件。

(2)后热处理在减少制造长丝的缺陷方面起到了关键作用,而较高的加工温度则有利于ZnO纳米颗粒在PLA基质中的分散。

(3)预测的制造原料长丝的参数配置为后热处理、190 ℃的加工温度及0.3 N·m的螺杆扭矩。

(4)在预测的工艺参数配置下,形变回复率的理论值为60.81%,而实际测量值为61.08%,与预估值非常接近。

致　谢

作者衷心感谢昌迪加尔大学研发中心,以及卢迪亚纳古鲁·纳纳克·德夫工程学院制造研究实验室所提供的技术支援。

参 考 文 献

[1] Senatov FS, Niaza KV, Zadorozhnyy MY, Maksimkin AV, Kaloshkin SD, Estrin YZ. Mechanical properties and shape memory effect of 3D-printed PLA-based porous scaffolds. Journal of Mechanical Behavior of Biomedical Materials 2016, 57: 139-148.

[2] Raja M, Ryu SH, Shanmugharaj AM. Thermal, mechanical and electroactive shape memory properties of polyurethane (PU) /poly (lactic acid) (PLA) / CNT nanocomposites. European Polymer Journal 2013, 49 (11): 3492-3500.

[3] Navarro-Baena I, Sessini V, Dominici F, Torre L, Kenny JM, Peponi L. Design of biodegradable blends based on PLA and PCL: from morphological, thermal and mechanical studies to shape memory behavior. Polymer Degradation and Stability 2016, 132: 97-108.

[4] Lai SM, Lan YC. Shape memory properties of melt-blended polylactic acid (PLA) /thermoplastic polyurethane (TPU) bio-based blends. Journal of Polymer Research 2013, 20 (5): 1-8.

[5] Zhang W, Chen L, Zhang Y. Surprising shape-memory effect of polylactide resulted from toughening by polyamide elastomer. Polymer 2009, 50 (5): 1311-1315.

[6] Keramati M, Ghasemi I, Karrabi M, Azizi H, Sabzi M. Incorporation of

surface modified graphene nanoplatelets for development of shape memory PLA nanocomposite. Fibers and Polymers 2016, 17 (7): 1062-1068.

[7] Leones A, Sonseca A, López D, Fiori S, Peponi L. Shape memory effect on electrospun PLA-based fibers tailoring their thermal response. European Polymer Journal 2019, 117: 217-226.

[8] Cao L, Liu C, Zou D, Zhang S, Chen Y. Using cellulose nanocrystals as sustainable additive to enhance mechanical and shape memory properties of PLA/ENR thermo plastic vulcanizates. Carbohydrate Polymers 2020, 230: 115618.

[9] Radjabian M, Kish MH, Mohammadi N. Structure-property relationship for poly (lactic acid) (PLA) filaments: physical, thermomechanical and shape memory characterization. Journal of Polymer Research 2012; 19 (6). Available from: https://doi.org/10.1007/s10965-012-9870-0.

[10] Huang J, Cao L, Yuan D, Chen Y. Design of multi-stimuli-responsive shape memory biobased PLA/ENR/Fe_3O_4 TPVs with balanced stiffness-toughness based on selective distribution of Fe_3O_4. ACS Sustainable Chemistry & Engineering 2018, 7 (2): 2304-2315.

[11] Liu Y, Huang J, Zhou J, Wang Y, Cao L, Chen Y. Influence of selective distribution of SiO_2 nanoparticles on shape memory behavior of co-continuous PLA/NR/SiO_2 TPVs. Materials Chemistry Physics 2020, 242: 122538.

[12] Dogan SK, Boyacioglu S, Kodal M, Gokce O, Ozkoc G. Thermally induced shape memory behavior, enzymatic degradation and biocompatibility of PLA/TPU blends: "effects of compatibilization". Journal of Mechanical Behavior of Biomedical Materials 2017, 71: 349-361.

[13] Ahmed MF, Li Y, Yao Z, Cao K, Zeng C. TPU/PLA blend foams: enhanced foamability, structural stability, and implications for shape memory foams. Journal of Applied Polymer Science 2019, 136 (17): 47416.

[14] Gao PX, Mai W, Wang ZL. Superelasticity and nanofracture mechanics of ZnO nanohelices. Nano Letters 2006, 6 (11): 2536-2543.

[15] Abbasi-Shirsavar M, Baghani M, Taghavimehr M, Golzar M, Nikzad M, Ansari M, et al. An experimental-numerical study on shape memory behavior of PU/PCL/ZnO ternary blend. Journal of Intelligent Material Systems and Structures 2019, 30 (1): 116-126.

[16] Kotharangannagari VK, Krishnan K. Biodegradable hybrid nanocomposites of

starch/lysine and ZnO nanoparticles with shape memory properties. Materials & Design 2016, 109: 590-595.

[17] Sabzi M, Far SM, Dezfuli SM. Characterization of bioactivity behavior and corrosion responses of hydroxyapatite-ZnO nanostructured coating deposited on NiTi shape memory alloy. Ceramics International 2018, 44 (17): 21395 - 21405.

[18] Kumar R, Singh R, Singh M, Kumar P. ZnO nanoparticle-grafted PLA thermoplastic composites for 3D printing applications: tuning of thermal, mechanical, morphological and shape memory effect. Journal of Thermoplastic Composite Materials 2020. Available from: https://doi.org/10.1177/0892705720925119.

[19] Koerner H, Kelley J, George J, Drummy L, Mirau P, Bell NS, et al. ZnO nanorod-thermoplastic polyurethane nanocomposites: morphology and shape memory performance. Macromolecules. 2009, 42 (22): 8933-8942.

[20] Xu C, Wu W, Zheng Z, Wang Z, Nie J. Design of shape-memory materials based on sea-island structured EPDM/PP TPVs via in-situ compatibilization of methacrylic acid and excess zinc oxide nanoparticles. Composites Science and Technology 2018, 167: 431-439.

[21] Wang Y, Zhang P, Zhao Y, Dai R, Huang M, Liu W, et al. Shape memory composites composed of polyurethane/ZnO nanoparticles as potential smart biomaterials. Polymer Composites 2020, 41 (5): 2094-2107.

[22] Lu H, Liu Y, Huang WM, Wang C, Hui D, Fu YQ. Controlled evolution of surface patterns for ZnO coated on stretched PMMA upon thermal and solvent treatments. Composites Part B: Engineering 2018, 132: 1-9.

彩 图

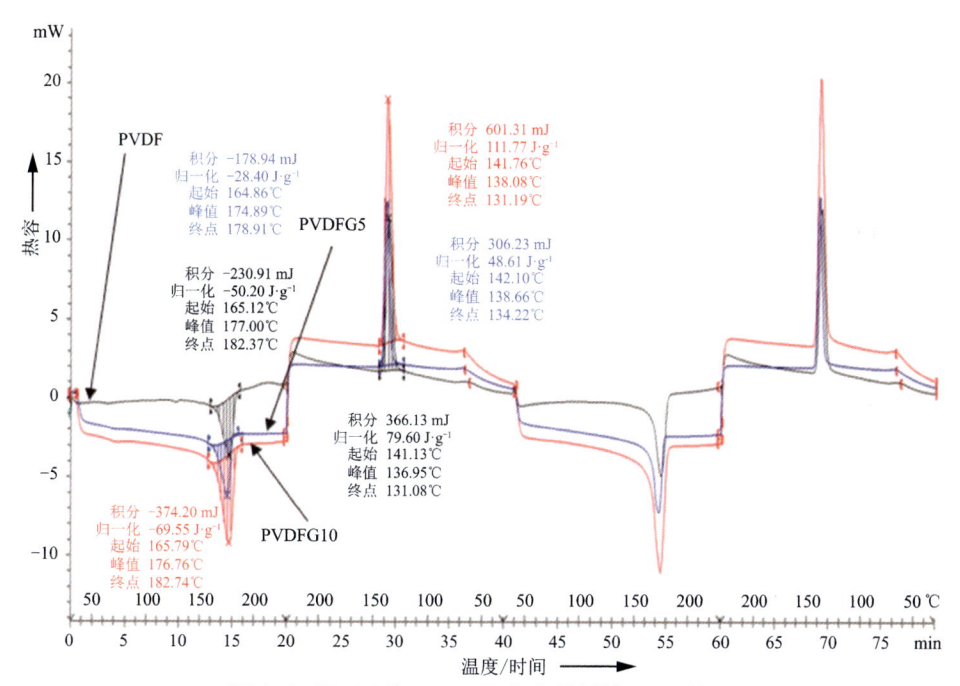

图 4.6 PVDF 和 PVDFG 复合材料的 DSC 结果

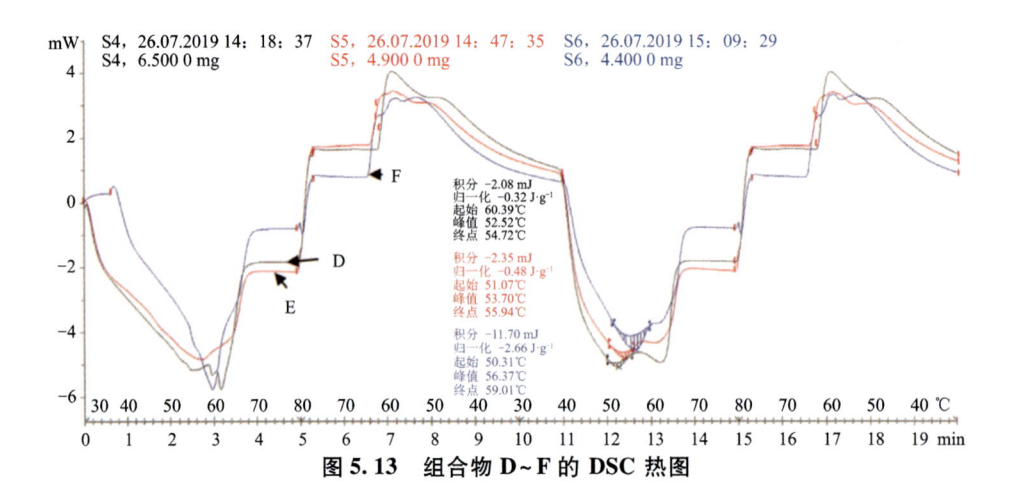

图 5.13 组合物 D~F 的 DSC 热图

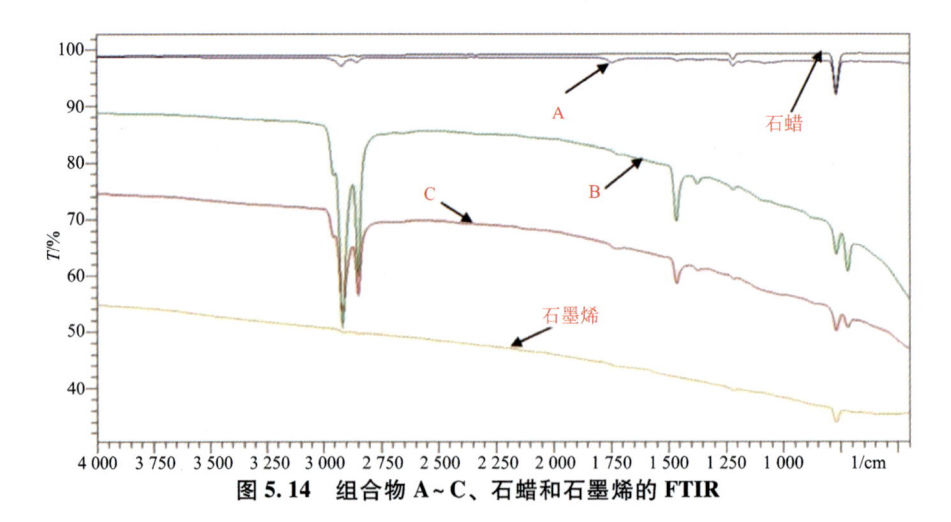

图 5.14 组合物 A~C、石蜡和石墨烯的 FTIR

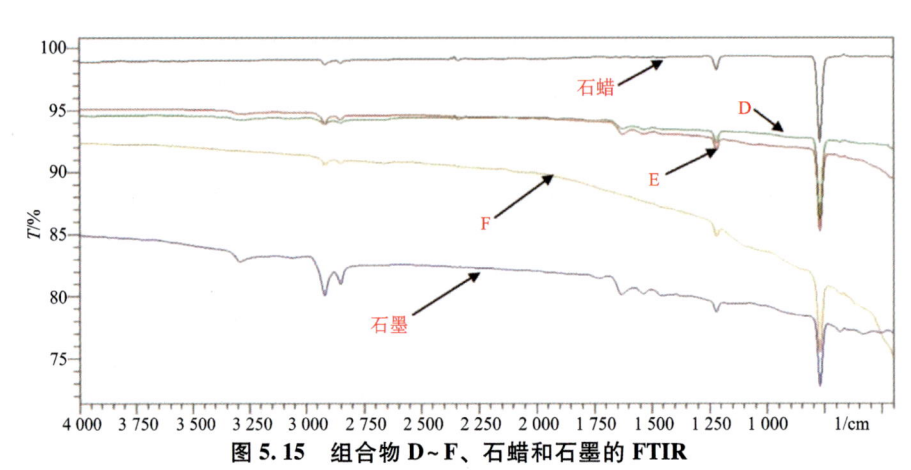

图 5.15 组合物 D~F、石蜡和石墨的 FTIR

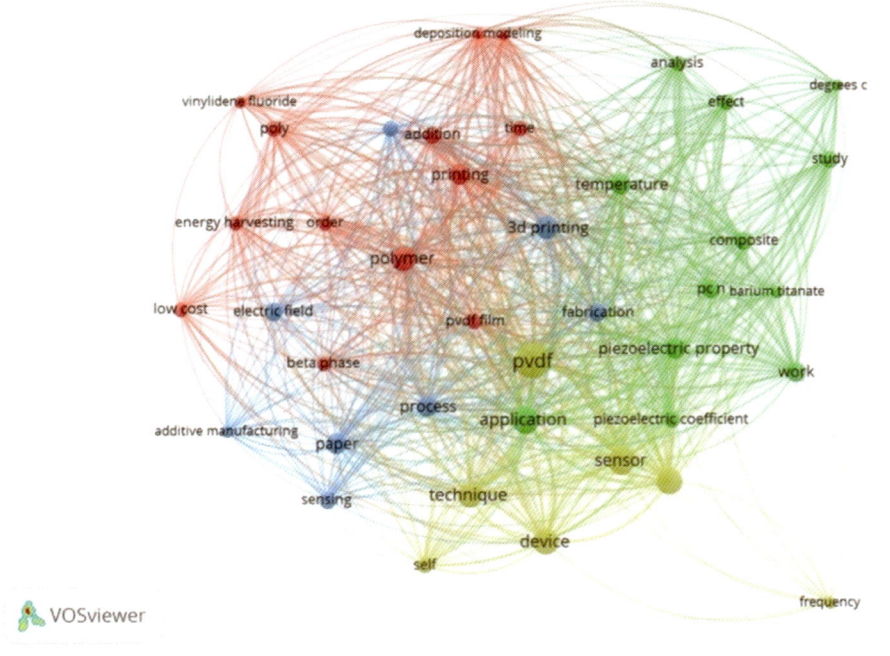

图 7.1 文献图谱分析及选定的 40 个术语之间的联系

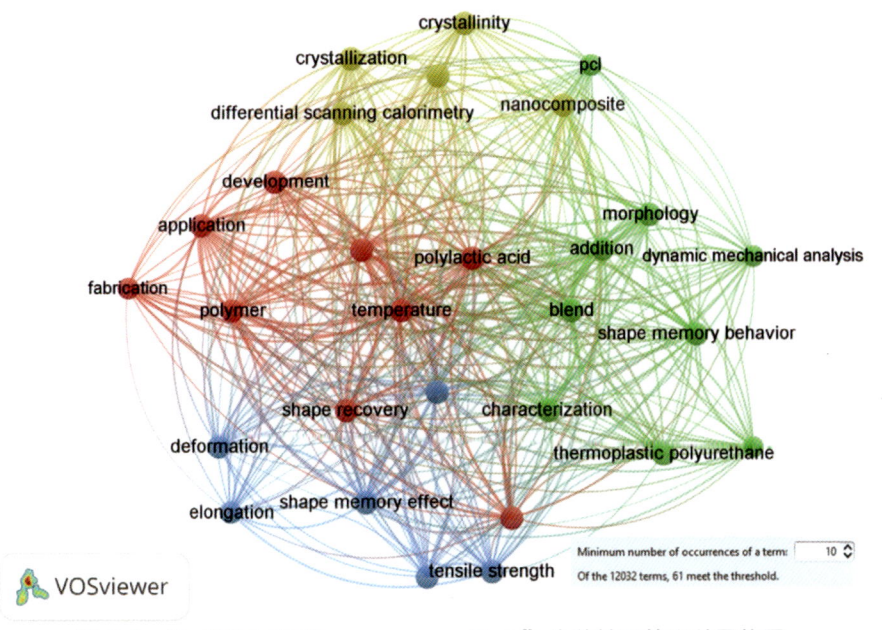

图 9.1 以"PLA 和 Shape memory effect"为关键词的文献网络图
（节点的颜色代表不同的群组）

注：来源于 http://www.webofknowledge.com

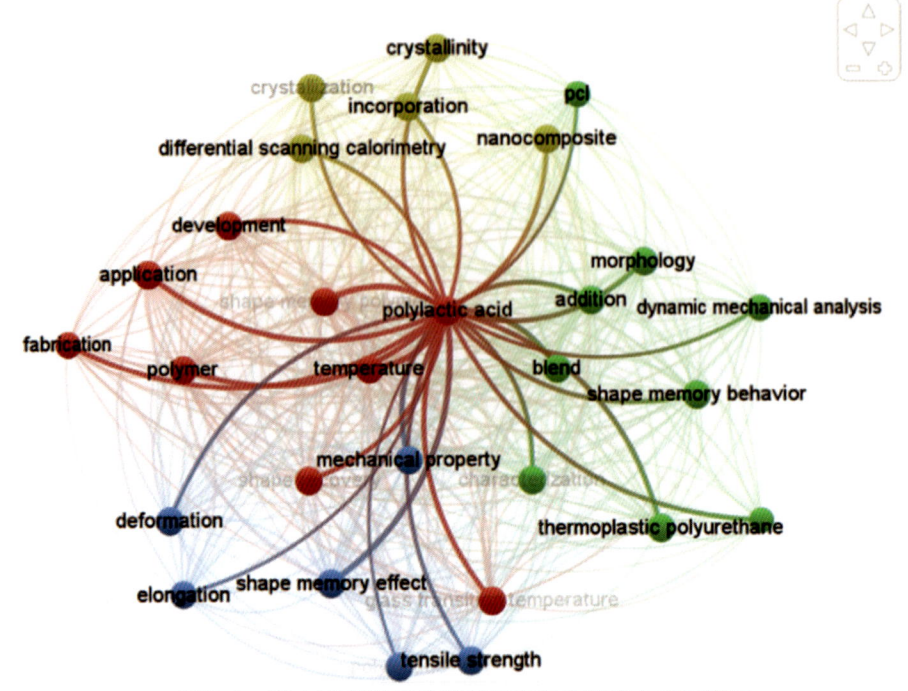

图 9.2　PLA 形状记忆效应研究空白分析的文献网络图
（节点的颜色代表不同的群组）